高等院校建筑学精品教程

U0320225

城市建筑学

The Architecture of the City

[意大利] 阿尔多·罗西　著

孙艳晨　杜娅薇　译

宋昆　审校

江苏凤凰科学技术出版社

———— 南京 ————

英文版编者前言

建筑师兼理论家这一传统在意大利的建筑历史中早有先例。从文艺复兴时期到 19 世纪,在系统的论著中提出自己的观点已经成为一些建筑师的特色。基于维特鲁威(Vitruvius)的模式,阿尔伯蒂(Alberti)创立了这类写作的文艺复兴模式。随后塞利奥(Serlio)和帕拉第奥(Palladio)的论著沿用了这种模式。塞利奥出版的一系列著作构成了一部建筑手册,从古代建筑开始一直写到对未来建筑的构想。这些未建成的设计方案比他那些已建成的简朴作品更为重要。这些设计方案超越了作为具体项目的意义,更确切地说它们开始成为详细描述诸多建筑类型的范本,帕拉第奥也将此作为参考。帕拉第奥于 1570 年写下了《建筑四书》(Quattro Libri),可将其视为他职业生涯的简历。书中包含了他重新绘制的设计方案和建筑作品,因而更像其设计意图和实际工作的一个记录。无论是绘制古罗马遗迹,还是重新绘制自己的方案,帕拉第奥都首先关注现有原型的那些类型的派生、创新和变形。因此,绘图与写作之间相互关联的思想成为建筑传统的一部分。

这个传统在意大利一直延续到本世纪(即 20 世纪——编者注)。斯卡默基(Scamozzi)、米利齐亚(Milizia)和洛多利(Lodoli)的著作,更不用说朱塞佩·帕加诺(Giuseppe Pagano)最近的著作和设计,都被看作是这一传统的传承,事实上,阿尔多·罗西(Aldo Rossi)的《城市建筑学》(The Architecture of the City)也是如此。为了理解罗西的建筑,我们还有必要去了解他的著作与绘图。然而《城市建筑学》与以往的著作很不一样,因为它是为了阐述一种科学的理论,是文艺复兴时期论著的现代性表达,在另一个层面上是对罗西后来的建筑作品的独特预示。

建筑师撰写理论著作是意大利建筑历史自身的传统,而这篇针对美国读者的前言的目的不仅是阐明本书在其自身创作背景中的价值,更要表明其在意大利 20 世纪六七十年代的地位。本书的第一版摘自罗西的讲义和笔记，于 1966 年出版，对城市的现代建筑运动立场进行了论战性批评。意大利文的第二版连同新的序言于 1970 年出版。随后本书被翻译为西班牙文、德文和葡萄牙文。最后，意大利文第四版在 1978 年出版，增加了新的插图。现我们首次以英文版的形式，重新发表这部著作以及在其连续出版的过程中增加的所有补充材料，以使人们认识到本书最初产生和不断发展的特定文化背景；所有这些材料都是本书历史的一部分。通过这种方式，本书成为一个独特且并行发展的记录，记录了过去 15 年中，罗西在绘图和其他论著中所发展的理念。因此，本书自身就是一个"类比作品"。

　　在其美国版本中，《城市建筑学》一书并不是对原文进行逐字翻译，而是进行了谨慎的修订，以便在保留原文风格和特色的同时，又使其不为原文中过度修饰和重复的段落所拖累。意大利文中颇具学术风格的表达方式有时会在英文中显得浮夸。在这种情况下，我们倾向于选择行文的清晰性和简明性。我在后面所作的序言在某些方面不只与本书有关，并且与本书所预示的罗西有关。从这个意义上说，它像是罗西思想的某种类比性文字，如同他的类比性绘图，以及他可以被视为运用了类比性手法的著作。序言试图消解和打乱罗西思想演变的时间与地点。由于这一原因，我的序言来自对罗西后来著作的研读，包括《一部科学的自传》(A Scientific Autobiography)；我也与罗西进行了许多私下的交谈。同《城市建筑学》意大利文第四版一样，本书总结了其出版史上的早先版本，所有的版本自身都有独自的记忆，本书同样甚至在更大程度上成为一个"集合式"的作品。我的序言力图进入这个记忆的行列中，在这个意义上，它是一种类比的类比，是一种具有自身历史和记忆的又一个作品的创造。我在序言中尝试用这种方法来阐明在罗西作品中始终贯穿的，从图纸到图纸、从文字到文字间来回涤荡的那种类比性潮流。

彼得·埃森曼 (Peter Eisenman)

图 1a　哈德良陵墓平面图，建于公元 135—139 年，后来变为圣天使城堡

图 1b　多姆·尼古拉斯·德·雷利（Dom Nicolas de Rély）基于亚眠大教堂铺地图案绘制的迷宫，1611 年。这个设计在 1288 年完成，被称为"代达罗斯之屋"（Maison Dédalus / House of Daedalus）

英文版编者序言

记忆的居所：类比的论题

> ……内容是意义的活力能量，当内容失去了效力，建筑物的浮雕和图案就显得更加清晰，有点儿像无人居住或荒废的城市建筑，在自然或人为的灾难中只剩下骨架。一个无人居住的城市不会被简单地遗忘，而是被意义和文化所萦绕，这种状态使这个城市免于回归自然……
>
> ——雅克·德里达（Jacques Derrida）
>
> 《书写与差异》（*Writing and Difference*）

阿尔多·罗西的《城市建筑学》意大利文第四版封面上的图像，以凝练的形式总结了罗西建筑作品的矛盾本质，以及这一图像与本书所提出的城市理念之间关系的内在问题。这个螺旋形的图像是罗马圣天使城堡中的哈德良陵墓的平面图。螺旋形与迷宫的形式相关，依据古代神话，这是代达罗斯（Daedalus）设计的一种建筑物。作为神话中唯一的建筑师，代达罗斯被认为是许多"奇妙的"建筑作品的设计者，他已成为历史上人文主义建筑师的杰出标志，因此代达罗斯创作的迷宫可以看作人文主义建筑的象征。但这并不是螺旋形的唯一含义。作为一条逐步展现的道路或路径，螺旋形也可被解释为一个心理学的图形、一种转变过程的象征。所以，我们必须从两方面来解读罗西用这个图像作为封面的原因：首先，对于陵墓而言，螺旋形是死亡场所的象征，在这种情况下——即使罗西并没有意识到——它也是人文主义场所的象征；与此同时，对于迷宫而言，螺旋形代表了一个转变的场所。

　　对罗西来说，螺旋形还有更深远、更个人化的意义。它象征了罗西自己的人生仪式、他作为一代人中一分子的角色。这代人通过消解历史时间来逐渐远离现代建筑的实证哲学，并听任自己漂流在某种未知的当下。虽然《城市建筑学》从许多方面批判了现代建筑运动，它却表现出了对现代主义的矛盾心理。它表明罗西本人对现代主义的普遍意识形态和现代建筑特定理想的失败同样地将信将疑。罗西对现代主义所深切担忧的问题的赞同，折射出他对现代主义的忧虑。毕竟正是现代建筑运动把建筑作为城市的核心问题之一。在现代主义之前，城市被认为是通过效仿自然法则的过程而逐渐随时间演变的。但现代建筑运动的辩护者们认为，这种自然的时代已经完结，取而代之的是历史决定论的时代。

　　对 20 世纪初期的建筑师们来说，在城市历史和自然演变中进行适当干预无疑是恰当的。在巨大的社会道德力量和技术需求（这些已经取代了自然演变模式）的支持下，建筑师试图用他们的"纯净堡垒"来猛烈攻击 19 世纪的城市这座邪恶的堡垒。对他们来说，此举的风险似乎比以往任何时候都高。在这种现代主义的英雄氛围中，那被认为是产生于历史裂缝中的现代建筑的城市，正被历史逐步推向一个纯净乌托邦的幻象。

　　然而，现代建筑没能实现这一乌托邦，既没能取代 19 世纪的城市，也没能减轻城市在第二次世界大战中因轰炸而遭受的破坏。这一显而易见的失败成为 20 世纪 60 年代初成熟起来的一代建筑师首要面对的处境。他们的幻灭和愤怒与现代建筑的失败相关，与其未实现的抱负（纯净的城堡式建筑）以及他们自身的失落感和不可回归性是等量的。这些感受直接指向既存在过又失败过的现代建筑的英雄先驱。对罗西这一代人来说，已经不可能再成为英雄或理想主义者，产生这些记忆和幻想的可能性已经永远不存在了。不同于其他任何一代人，这一代人必须带着这样的失落感去承接那种期望之感。玩世不恭和悲观主义填补了丧失希望所造成的空白。

类比的论题

现在让我们……假设罗马不是一个人类居所，而是一个具有同样悠久和丰富历史的精神实体。也就是说，在这个实体中，东西一旦出现就不再消失，所有早期的发展阶段都与最新的发展阶段一起继续存在……如果想在空间上表示出历史的顺序，我们只能通过空间的并置：同一个空间不可能有两种不同的内容……这表明了我们距离用图画形式来表示精神生活特征有多远。

——西格蒙德·弗洛伊德（Sigmund Freud）

《文明及其不满》（*Civilization and Its Discontents*）

《城市建筑学》以及罗西所有的成果力图建造一种与现代建筑运动不同类型的堡垒。这种堡垒是一些人为自己精心制作的绞刑架，但他们不会再拾级而上英勇就义。这本书提出了另一种建筑、另一种建筑师，以及最重要的是另一种理解的过程，它可以被看成力图摆脱人文主义关于客体与主体关系的传统定义，以及其最新的现代主义定义。现代建筑从未体现过现代主义提出的关于主体的新见解，在这个方面，现代建筑可以看成19世纪功能主义的简单延伸。罗西的新观念以对现代建筑的城市的批判为开端，并由此转入提出另一个客体。

另一个客体正是本书书名中的建筑，现在我们从两个方面对其定义：它既是真实城市中基本且可以验证的资料，同时也是一种自主的结构。但是这些资料的收集和应用不是通过现代运动的城市的倡导者们所使用的简约科学主义来实现，而是通过由城市地理学、经济学以及最重要的历史学所提供的更为复杂的理性主义来实现的。自主结构的自主性也不完全是现代主义的、建筑学科自身的自主性，而是存在于建筑的具体过程及建成实体中。

城市这种既是基本资料——考古学研究的建成物——又是自主结构的双重概念，不仅将新的城市定义为一个客体，更重要的是，也许在无意中重新定义了它的主体——建筑师本身。与 16 世纪的人文主义建筑师和 20 世纪的功能主义建筑师截然不同，罗西认为的建筑师似乎是非英雄式的自主研究者，就像与他类似的精神分析学家一样，同样与其分析的对象保持距离并且不再相信科学或进步。然而，这种把建筑师重新定义为中性主体的观点无疑是有问题的。

人文主义的概念力图将主体与客体统一，而现代主义的观念则极力分开两者。就现代主义理论而言，现代建筑实践的问题本质恰恰与其没有能力实现这种分离有关，因而被来自人文理念的规则所侵染。罗西直觉地认识到这一问题，但是他无法面对现代主义尚未实现的方案所造成的后果。因此，他的新理论侧重于一种媒介元素：工作的过程。如果主体和客体是独立的，那么以前被认为是中性的过程现在必须具有原先存于主体和客体本身之中的力量。在这个关于过程的新理论中，罗西重新引入了历史学和类型学的元素，但这并不是怀恋往事或是还原简约科学主义。相反地，历史可以被类比为一个既可以用来衡量时间，也可以被时间衡量的"骨架"。正是这个"骨架"带有城市中已经发生和将要发生的行为印记。对罗西来说，建筑的历史就在建筑的质料之中，正是这种质料成为了分析的客体——城市。另一方面，类型学成为一种工具，即一种衡量时间的"仪器"，这个术语出自罗西后来的著作《一部科学的自传》，它力图既合乎逻辑又具有科学性。骨架及其衡量仪器成为了自主研究者的研究过程以及最终的探究对象。作为研究的组成部分，历史和类型允许自身进行"预先安排但仍无法预见"的转变。

这个骨架也出现在罗西的《一部科学的自传》一书中，它是这种城市理念的一个尤其有用的类比物。骨架将城市与历史相连。这是一种仅限于史学研究行为的历史——纯粹是以往的知识，并没有决定未来的历史需求。对罗西来说，历史决定论作为现代主义对历史的评判，是一种对于创造性的阻碍。历史决定论研究原因和需要，而历史学则专注于结果或事实。因此，这种骨架为罗西理解历史提供了一个类比物，因为它既是结构又是遗迹，既是事件的记录又是时间的记录，在这个意义上，它陈述的是事实而不是原因。但这些并不是骨架唯一的属性。因为它还是一个可以用来研究自身结构的对象。这个结构包含两个方面：一个是它本身的抽象意义，另一个是其各个部分的确切性质。其中后者尤其重要，因为对罗西来说，仅仅研究结构——骨架的脊椎部分——未免太过笼统。任何总体骨架都像一张网，总是允许最重要的部分通过——在这里是指城市中最独特的元素，以及赋予城市特性的元素。

因此，骨架可以在某个层面上被类比为城市的平面布局，它既是由部分组成的总体结构，本身也是一个物质性的建成物：一个集合式建成物。集合式建成物的本质，使我们能够理解罗西把城市比喻成一个巨大的房屋，也就是人类单体住宅的宏观世界。正如我们在后面将会看到的，在这里，尺度的消解是这一论点的核心。城市这个巨型房屋是通过一种双重过程形成的。一个是生产过程，就城市而言就是制造（manufatto）的工作，是人们用双手创造了城市；另一个是时间过程，它最终产生了自主的建成物。第一个过程假设的时间只是制造的时间 —— 一个没有之前和以后之分的时间，它把制造对象与人联系起来，这个制造对象没有广阔的或不确定的历史。第二个过程不仅具有与集合性相对的独立性，并且还因其本身具有理由和动机而取代了人的作用，由于其本身的自主形式不取决于人的主体，因而不受其功能的支配。

我们可以在罗西的经久性概念中看到后一个时间过程。这个经久性概

念以不同的方式影响着城市中集合式建成物和独立式建成物。城市中两个
主要的经久性实体是房屋和纪念物。关于前者，罗西将其分为住房和单体
的住宅。住房是城市中的经久性实体，而单体的住宅则不是。因此城市中
的某一居住区也许可以延续几百年，然而某个居住区中的单体住宅则往往
会改变。对于纪念物而言这种关系是相反的，因为纪念物是城市中持续存
在的单体建成物。纪念物被罗西定义为城市中的主要元素，是具有经久性
和特色的城市建成物。纪念物有别于城市中另一种主要元素即住房，纪念
物的本质是具有象征功能的场所，因而是一种与时间有关的功能，完全不
同于后者是只与用途相关的常规功能性场所。

　　作为城市中具有经久性的主要元素，纪念物与城市的发展辩证相关，
这种经久性和发展的辩证关系是罗西所谓的骨架城市的时间特征。这种关
系表明，城市不仅有之前和以后之分，而且它们彼此之间相互联系。罗西
把主要元素定义为"城市中既能阻碍也能加速城市化进程的元素"，因此
它们具有催化剂的作用。罗西认为，阻碍城市化进程的纪念物是"病态的"。
格拉纳达（Granada）的阿尔罕布拉宫（Alhambra）就是城市中的这样
一个例子，它具有博物馆的功能。在被类比为骨架的城市中，这样一座博
物馆如同一具经过防腐处理的尸体：它只在外表上给人一种活着的假象。

　　这些保留的或病态的经久性实体如木乃伊般地出现在城市中，它们往
往倾向于把其自身的经久性特征归结为它们在特定环境中所处的位置。在
罗西看来，从这个意义上说，当代"文脉主义者"的准自然主义城市观，
与演进的时间观辩证对立。对罗西而言，现实的时间往往会侵蚀并取代被
人们明确界定且熟知的特定城市环境形象。鉴于在本书第一版出版发行大
约 15 年后，所谓城市文脉主义已在城市思想中占据主导，罗西的原著可以
被看作对仅将文脉视为一种图底平面关系的"空洞形式主义"的前瞻性批判。

　　然而，城市中的经久性实体并不仅仅是"病态的"，有时它们可能是"推

进性的"。它们把过去带到现在，提供一种仍然可以体验的过去。像阿尔勒的剧场（Theater at Arles）或帕多瓦（Padua）的理性宫（Palazzo della Ragione）这类的建成物，往往与城市化进程同步，因为定义它们的不仅仅是其初始或先前的功能，或者文脉，它们恰恰是因为自身的形式而保存下来，这种形式随着时间的推移能够适应不同功能。在这里，我们可以明确地看到骨架的类比性。就像已经失去原始功能的没有生命的骨架一样，只有其形式完好无损，具有推进性的经久性实体持续地记录着时间。这个论点本身就是对"朴素功能主义"的批判，它包含了罗西特定地点或场所的概念。

场所是由单体建成物组成的，如同经久性实体一样，不仅取决于空间，还取决于时间、地形和形式，更重要的是，也取决于其作为古代和近期一系列事件的地点。对罗西来说，城市是上演人类事件的剧场。这个剧场不再只是一种表象，而是一种实在。城市吸纳了事件和情感，每一个新的事件都包含了过去的记忆和潜在的未来记忆。因此，场所是一个可以容纳一系列事件的地点，它本身也构成了一个事件。在这个意义上，它是一个独特的或有特色的地点，是一个"独有的场所"。它的特点可以通过表明这些事件发生的标记来识别。在这个独有的场所的概念中，包含了特定地点与位于此地点的建筑物之间的那种既特殊又普遍的关系。建筑物也许是发生在特定地点的事件的标记，地点、事件和标记之间的这种三重关系成为了城市建成物的特征。因此，场所可以被认为是建筑或形式留下印记的地点。建筑赋予地点的独特性以形式，正是在这个特定的形式中，场所历经了许多变化，特别是功能的转变。罗西引用了南斯拉夫（Yugoslavia）的斯普利特城（Split）[1] 的例子，他说道："在戴克里先宫（Diocletian's

---

① 现属克罗地亚共和国。——编者注

Palace）围墙内发展起来的斯普利特城赋予了不变的建筑形式以新的用途和意义。这就是城市建筑意义的象征，其中极为明确的形式便对应着对多种功能的广泛适应性。"

这种对应关系表明了一种不同的历史范围界定。只要一个物体还在使用，也就是说只要一种形式仍与其初始的功能相关，历史就会存在。然而，当形式与功能相分离，并且只有形式保有活力时，历史就转移到记忆的领域。当历史结束时，记忆就开始了。斯普利特城的独特形式如今不仅意味着自身的个性，同时也是一个标记，记录了作为集体记忆即城市记忆一部分的那些事件。人们通过事件的集体记忆、地点（独有的场所）的独特性以及表现在形式中的地点标记之间的相互关系来了解历史。

因此，可以说城市留下形式印记的过程就是城市的历史，而连续的事件构成了它的记忆。罗西从法国城市地理学家那里借用的"城市的灵魂"的理念存在于城市历史之中，一旦这个灵魂被赋予形式，它就成为某个地点的标记。记忆就成为理解这一地点结构的向导。如果说时间按照年代排序属于古代语境，而在历史决定论意义上属于现代语境，那么一旦时间与记忆而非历史联系在一起，就转入了一种心理学语境。

建筑的新时间因而成为了记忆的新时间，记忆取代了历史。人们第一次在集体记忆的心理学构架中理解了单体建成物。作为集体记忆的时间导致了罗西有关类型概念的转变。随着记忆的引入，物体既体现了自身的概念，又体现了先前自身的记忆。类型不再是一种历史中的中性结构，而是一种现在可用来分析历史构架的分析和实验结构；它成为一种仪器、一种分析和测量的工具。如上所述，虽然这个据称是科学的和具有逻辑性的仪器不是简化的，但能使城市元素被认为总是拥有一个原始的和真实的意义，并且尽管这种意义在类型学上是预先确定的，但往往是无法预见的。那么，这种意义的逻辑先于形式而存在，但同时以新的方式来形成这种形式。

　　因而可以说，用于度量客体的仪器也被隐含在物体本身之中。这使我们回到了骨架的类比上，它同时被认为是工具和客体。有了这种认识，就会出现一个新的客体——仪器，这个与主体相对的客体第一次被用于分析和创造。这就是介于建筑师和建筑之间的另一种过程。过去，建筑的创新一般不是通过客体实现的，类型学从未被认为有潜力成为设计过程的动力。然而，罗西在类型学中发现了创造的可能性，因为类型现在既是过程又是客体。作为过程，类型包含了一种综合特征，它本身就是形式的表现。此外，虽然随着时间的推移一些类型元素的改变激发了创新，但也是记忆对类型的影响使设计的新过程成为可能。与历史融为一体的记忆赋予了类型形式超出原始功能的意义。因此，以前只是对已知事物进行分类的类型学现在可以作为创新的催化剂，它成为了自主研究者设计的精髓。

　　当一种形式不再包含其原始功能，历史就结束了，类型因而从历史领域进入记忆领域。这种理念使罗西提出了内在的类比的设计过程。类比是罗西最为重要的工具。对他来说，类比在写作和绘图中有同样的作用。正是在这种情形下，本书本身可以被视为一个类比的作品——相对于建造和绘图的作品而言的写作的类比物。这个写作的类比物与绘图的类比物一样，与地点和记忆密切相关。然而，与城市和城市的骨架不同，这种类比物与特定的地点和具体的时间分离，成为纯类型或建筑上的时间－地点中的抽象场所。用这种方式，罗西通过从历史中移植类型，在地点和记忆之间建立联系，试图通过对历史的抹除和对实际地点的超越，来调和现代主义乌托邦（实际上的"乌有之乡"）与人文主义现实（建成的"确有之所"）之间的矛盾。

　　类比的时间同时关注历史和记忆，它包含且合并了时间顺序上的时间（即事件发生的时间），以及氛围上的时间（即地点的时间）：地点和事件，即独有的场所加上时间—地点。类比的地点就是从实际城市中抽象而来的。

它把类型形式与特定的地点联系起来，从而剥夺、重组并转变了真正的地点和真正的时间。它是一个不存在的地方，却与现代主义乌托邦的那种"不存在的地方"明显不同，这是因为它源于历史和记忆。在类比过程中，这种对时间和地点明确界线的抑制产生了一种辩证关系，这种辩证关系与存在于记忆之中的记住和遗忘之间的辩证关系一样。

在这里，类比的城市可以被认为是意在改变实际的城市。在骨架被视为城市中特定时间和地点的形式和量具的情况下，类比设计过程把城市中时间和地点的具体情况置换为另一种现实，一种基于记忆之上的心理学的现实。虽然骨架是嵌入人文主义和现代主义背景之中的有形和分析客体，代表了可以验证的数据——一种考古学的建成物，而记忆和类比却把建筑的过程带入心理学领域，同时转变了主体和客体。当类比过程被应用在城市的实际情况中时，就会产生一种侵蚀作用。

罗西在研究中提出的颠覆性的类比物包括两种转变：一种是地点的错位，另一种是尺度的消解。在前者中，骨架中的逻辑地点通过类型创新而被取代。罗西以卡纳莱托（Canaletto）的一幅绘有帕拉第奥三个作品的绘画为例：在画中，作品所处的不同地点被合并为一个地点。在后一种转变中，尺度的消解使得单体建筑物可以与整个城市进行类比。罗西在斯普利特的戴克里先宫这个例子中说明了这一点："从戴克里先宫的类型形式中可以看到整个斯普利特城。从这里可以看出，单体建筑可以通过与城市的类比来设计。"更重要的是，这意味着城市的设计潜藏在单体建筑的理念中。在罗西看来，城市的尺度并不重要，因为它的意义和质量并不取决于不同的尺度，而是取决于实际建筑和单体建成物。这一次，正是时间将处于不同尺度和各种环境中的事物联系起来。这种时间—地点的连续性与现代建筑运动所宣扬的现代主义的工业城市和历史的人文主义城市之间的非连续性相对立。

　　罗西对城市环境中尺度的重要性的否定，由此成为对 20 世纪城市主义的直接抨击。但恰恰是在这种背景下，这种否定是有问题的。因为随着在类比过程中尺度的消解，我们似乎又回到了阿尔伯蒂在有关房屋和城市的相互隐喻中首先提出的人文主义立场："城市就像一座大房子，房子又像一座小城市。"罗西通过类比尝试提出另外一种城市模型，它与 15 世纪特有的视城市为和谐宏观世界缩影的城市模型合为一体。对罗西来说，这一模型反映了巨大的城市集合住宅与特定的单体住宅即城市建成物之间的一种辩证关系。只要这种关系是建筑内部的，并且因此是自主的，那么作为客体的城市就是与人分离的。如同一个真正的现代主义客体，它脱生于自身并影响自身，以此获得意识和记忆。然而，一旦它被看作是建立在单体住宅的隐喻概念的基础之上，它就再次回到了阿尔伯蒂式的人文主义关系和 15 世纪的客体概念。罗西从未在研究中克服这种矛盾心理。尽管存在潜在的人文主义思想，但总有一种压倒性的悲观主义在削弱这种潜在的新启蒙运动的观点。用罗西自己的话来说，就是"每个人的时间是有限的，因此未来必须是现在"。

　　如前所述，类比同时顾及了记忆和历史。它融合了"个人自传与城市历史"，融合了个体与集体。在罗西的论述中，社会生活中所有重要的事件和伟大的艺术作品都是在无意识的生活中诞生的。这也许无意中会导致他直接面临第二个矛盾。城市作为一个社会实体，在心理学上是一种集体无意识的产品。与此同时，作为外观上的建成物的混合体，它是许多个体的产品。也就是说，城市既是集体的产品，又是为集体而创造。在这两种情况中，集合的主体是核心概念。这使我们回想到罗西关于场所的理念。既然独有的场所界定了客体的性质，那么如今，集合的市民就界定了主体的性质。单独的客体与集合性的主体之间的矛盾进一步背离了罗西的新人文主义，因为尽管他对个人主宰历史的权力持悲观态度，但他仍然把城市看作"人类最杰出的成就"。

最终，在罗西的研究中并没有提出 20 世纪的城市模型，也没有阐述与群体心理学的主体相对应的城市客体。罗西最终忽略了心理语境的存在，并削减了心理学模型的必要性。存在于文艺复兴时期单个主体（个人）和单个客体（房屋）之间的关系，现在同样存在于群体心理学的主体（现代城市中的人们）与其单个客体（城市，但在一个不同的尺度上被视为房屋）之间的关系。这表明一切都没有变化，人文主义的城市和心理学上的城市是同样的地方。罗西的心理学主体——自发的研究者——仍继续在城市的集合式住宅中寻找自己的家园。

记忆的居所

城市实际上是生存与死亡的大本营，其中有许多元素就像信号、符号、警示一样。当节日过后，建筑上便留下伤疤，沙土再次布满了街道。然后以一种特有的顽强，利用材料和工具重新修建，以期待另一个节日。除此之外，什么都没有留下。

——阿尔多·罗西
《一部科学的自传》

对阿尔多·罗西来说，欧洲的城市已成为死亡的居所。它的历史和功能已经结束；它抹去了单体住宅早期的特殊记忆，成为一种集体记忆的场所。作为一个巨大或集合性的记忆居所，城市因其作为幻想和错觉的场所而具有心理上的真实性，这与生与死之间的转换状态相类似。对罗西来说，写作和绘图都是为了探索城市这个巨大的记忆居所，以及所有那些介乎于幻想和希望的童年之屋与错觉和死亡之屋之间的特殊居住场所。

　　在罗西的童年时代，中产阶级的住宅虽然极富幻想，却否定了类型的秩序。《城市建筑学》一书试图通过类型这种仪器，将城市以这样一种方式呈现在我们面前：虽有历史，但记忆可以想象和重构幻想的未来时间。这种记忆是通过类型这种仪器，即类比性设计过程的创造潜力而引发的。罗西描绘的"类比性城市"可以被认为是从他所撰写的《城市建筑学》一书中直接发展而来的。类比性绘图具体表现表达状态的变化，它作为自身的历史记录而存在。因此，罗西有关城市的绘画塑造了其自身的历史，它们成为城市的一部分，而不仅仅是城市的一种描述。这些绘画有一种真实性，确切地说是一种幻觉的现实。这种现实转而可能会在实际的建筑物中表现出来。

　　建筑绘图以前被认为只是一种表现形式，现在却成为另一种真实的场所。它不仅是传统意义上的幻觉的场所，也是生与死的凝固时间中的真实的场所。这种真实既不是向前的时间——进展，也不是过去的时间——怀旧，因为它是一个自主的客体，避开了历史决定论中的进步或倒退的力量。正是建筑绘图，而不是它的建筑表现形式，通过这种方式成为了建筑：一种死亡的集合概念的场所，并且通过其自主创新成为新的形而上学的生活场所，在这个场所中，死亡不再是一种终结，而是一种过渡状态。因此，类比性绘图近似于这种与客体（城市）相关的主体（人）的状况的转变。

　　罗西的类比性绘图就像他的类比性写作一样，主要处理时间问题。然而，与类比性写作不同的是，这种绘图代表了两种时间的静止：一种是过程性的，被绘制的物体虽正在向前移动但尚未达到它的建成状态；而另一种是氛围性的，绘制的阴影表示时钟的停止，是对这种新的生与死平衡的凝固与持续的记忆。在类比性绘图中，不再以对光线、影子长度或事物的衰老程度的精确测量来表现时间。相反地，时间被表示为一种无限的过去，它把事物带回到永恒的童年和幻想中，以及作者本人孤寂童年的记忆片段和自传形象之中，对这些历史的记叙已经不能给出一个有力的说明。然而，对罗西来说，这种对建筑的个人化情感并不是伤感的。在他个人的时间观念中，同样的逻辑也适用于城市：历史为传记提供了素材，而记忆为自传提供了素材；就像在城市中一样，当历史结束的时候就是记忆的开始。这里包括了未来和过去的时间：一个必须完成的任务和一个已经完成的任务。遗迹的形象激活了这种无意识的记忆，将那些被抛弃的和不完整的事物与新的开端联系起来。这再一次表明，逻辑的这种明显连续的秩序是传记式的，但片段是自传式的。通过这种辩证关系，遗弃和死亡（即骨架的属性），现在被视为转变过程的一部分；死亡是一个与未知的希望相关联的新的开始。

最终，尽管《城市建筑学》一书立身于城市研究的"科学"写作传统中，但它是一个非常个人化的著作。它是另一种类比过程的写作类比物，无意间揭示了人与物之间潜在的新关系。它预见了集体无意识的心理学主体——市民；而同时，它也怀旧般地唤起了单个的主体——神秘的英雄——人文主义建筑师，即房屋的发明者。人文主义诗人的影子一直徘徊在自主研究者的身后。个体向集合式主体转变的可能性还悬而未决。模棱两可的是，类比性城市这一客体开始再次界定了主体，这个主体甚至既不是人文主义英雄，也不是心理学上的群体，而是复杂的、分裂的且破碎的孤独幸存者，它出现于历史的集体意志之前，但并不抗拒它。

彼得·埃森曼

图2 楠塔基特（Nantucket）的景象，马萨诸塞州

美国第一版作者序言

　　在本书第一版发行面世以来的 15 年中，已经以四种语言以及多个版本出版发行，影响了一代年轻的欧洲建筑师。我在意大利文第二版的序言中第一次提出了类比性城市的概念，并且在葡文版的序言中进行了一些阐释。从那以后，我就不想再对这些文本进行补充了。就像一幅画、一座建筑物或者一部小说一样，一本书成为了集体的作品；尽管它有作者，但任何人都可以以用自己的方式修改它。就像在亨利·詹姆斯（Henry James）的小说《地毯中的图案》[①]（*The Figure in the Carpet*）中，"图案"是清楚的，但是每人都以不同的方式看待它。詹姆斯的图案表明，明确的分析会使问题很清晰而无需进一步讨论。所以，当我写这本书的时候，像往常一样特别关注于书的风格和文体结构，因为只有完美清晰的理性体系才能让人们面对非理性的问题，迫使人们用唯一可能的方法去思考非理性的问题：通过使用推理。

　　我认为，场所、纪念物和类型的概念已经引起了普遍的讨论，尽管这种讨论有时被学院主义所阻碍，但有时却产生了重要的研究成果，并且引发了一个至今仍没有解决的争论。由于年代的原因，我在修改本书时非常谨慎，主要是修改图例和阐明当前翻译版本的语言。

　　对于美国的读者，我决定写一个特别的序言。尽管我在年轻时曾受到

---

① 在《地毯中的图案》中，詹姆斯批评了文学阅读中的"实证化"想象，即以为文学作品里存在着一个唯一确定的文本"意义"。——引自《文学阅读模式的伦理想象——亨利·詹姆斯的〈阿斯本文稿〉与〈地毯中的图案〉刍议》，毛亮，《外国文学评论》，No.1，2007.——编者注

美国文化特别是其文学和电影的影响，但这种影响的虚幻性大于科学性。我对美国的语言知之甚少，并且缺乏在这个国家的直接经历，因此我未对美国进行研究。美国的建筑、人们和事物对我来说并不是特别珍视的对象。更为严重的是，我不能在这个无法估量的国度来估量我自己的建筑——我的思想和建筑物，这就是美国，既静止又充满活力，既理智又躁动。尽管如此，我确信意大利学术界并不了解美国，电影导演和作家比建筑师、评论家和学者更了解它。

在过去的几年中，我在美国访问和工作期间回想起了《城市建筑学》这本书。我发现，美国的城市和乡村是这本书有力的证明，尽管特别敏感的评论家们认为这本书是个矛盾体。也许有人会说，这是因为美国现在已经是一个有许多纪念物和传统的"古老"的国家，或是因为在美国，由部分组成的城市是一种历史性的且动态变化的实体；而更重要的是，这是因为美国似乎就是按照这本书的论点建设的。

这意味着什么呢？

当开拓者们踏上这片广阔的新的国土，他们必须组织自己的城市。他们采取了以下两种模式中的一种：一种是城市按照方格网布局，就像大多数拉丁美洲城市、纽约以及其他中心城市那样；一种是城市被建设成"主要街道式"的村落，这种城市形象已经成为西部电影中的传奇。在这两种情况中，都与迄今为止欧洲资产阶级城市中的建筑存在着特定的关联：教堂、银行、学校、酒吧和市场。甚至美洲的住宅也极度精确地保留了两种基本的欧洲类型：拉丁美洲的带有栅栏和内庭院的西班牙式住宅，以及美国的英式乡村住宅。

我可以列举很多这类的例子，但我并不是一个美国建筑和城市历史领域的专家；我宁愿停留在我的印象里，尽管这些印象植根于一种历史感。普罗维登斯（Providence）的市场、楠塔基特（Nantucket）的城镇（在那里渔民的白色房屋就像船只的碎片，教堂的塔楼与灯塔相呼应）以及类似加尔维斯顿（Galveston）的海港，所有这些似乎都是由原先存在但后来在它们各自的环境中发生变形的元素构成的；正如美国的大城市，得益于由石头、水泥、

图 3 楠塔基特的景象，马萨诸塞州

图 4《芝加哥论坛报》大厦竞赛方案，阿道夫·路斯（Adolf Loos）设计，1922 年

图 5 弗吉尼亚大学，夏洛茨维尔，弗吉尼亚州，托马斯·杰斐逊（Thomas Jefferson）设计，1817 年

图 6　弗吉尼亚大学鸟瞰图，弗吉尼亚州，托马斯·杰斐逊设计，1817 年

图 7　华尔街的景象，纽约城

砖和玻璃建造的城市整体。也许世界上没有任何城市的建筑能与纽约这座城市相提并论。纽约是一个纪念物式的城市，我曾认为这样的城市是不存在的。

在现代建筑运动期间，很少有欧洲人认识到这一点，但阿道夫·路斯（Adolf Loos）在《芝加哥论坛报》大厦设计竞赛的方案中无疑具有这种认识。在许多欧洲人看来，那根巨大的多立克柱似乎只是一种游戏、一种维也纳式的娱乐，但它在一种美国式构架中，将尺度的变形效果和"风格"的应用综合起来。

这种美国城市环境或景观的构架使人们感到印象深刻，当星期日走在华尔街上时，就仿佛走进了塞利奥透视绘画（或其他文艺复兴理论家的作品）中所描绘的真实场景一样。欧洲经验的贡献及其交织在这里创造出的"类比性城市"具有意想不到的意义，与"风格"和"柱式"的应用一样出乎意料。这个意义完全不同于现代建筑历史学家的典型观点：美国由全然不同的优秀建筑组成，可以借助指南手册找到——这样的美国必然具有"国际风格"，并且其中伟大艺术家的孤立杰作会被淹没在平庸的以及商人建造的建筑海洋中。但真实的情况正好相反。

美国建筑首先是"城市的建筑"：主要元素、纪念物以及各部分。因此，如果我们想要从文艺复兴、帕拉第奥和哥特建筑的意义上谈论"风格"，我们就不能遗漏美国。

所有这些建筑都重新出现在我的方案中。当我完成了位于基耶蒂（Chieti）的学生宿舍项目后，一位美国学生送给我一本关于托马斯·杰斐逊（Thomas Jefferson）设计的弗吉尼亚大学学术村的出版物。尽管在此之前对这个项目一无所知，但我发现了它与我自己的设计有许多惊人的相似之处。卡洛·艾莫尼诺（Carlo Aymonino）在一篇题为《乐观的建筑》（Une architecture de l'optimisme）的文章中写道："让我们做一个荒唐的猜测，如果阿尔多·罗西来做一个新城市的设计方案，我坚信他的方案将类似于 200 多年前的规划，许多美国城市都基于这种规划：有便于分割地产的街道网络，教堂就是教堂，以及功能显而易见的公共建筑物，还有剧院、法院和单体住宅。每个人都可以判断建筑物是否符合自己的理想——这个

图 8 罗萨里奥教堂（Church of Rosário），巴伊亚州（Bahia），巴西

图 9 圣纽尔·杜·邦芬圣殿（Sanctuary of Senhor do Bomfim），巴西

图 10　克兰布鲁克（匡溪）艺术学院（Cranbrook Academy of Art）鸟瞰图，布卢姆菲尔德山（Bloomfield Hills），密歇根州，埃列尔·沙里宁（Eliel Saarinen）设计，1926 年

图 11　贝尔方丹公墓（Bellefontaine Cemetery），圣路易斯，密苏里州

过程和结构将给设计者和使用者同样的信心。"就这些而言，美国的城市
应该是本书的新章节，而不仅是一个序言。

　　我在意大利文第一版的序言中说过，本书应该有一个关于殖民地城市
的章节，但我当时还无法写出。在由哈维尔·罗哈斯（Javier Rojas）和
路易斯·莫雷诺（Louis Moreno）撰写的精彩著作《美洲西班牙式城市化》
（ Urbanismo español en America ）[1] 中，有一些特别值得研究的城市规
划，在这些令人难以置信的城市规划中，塞维利亚（Seville）和米兰（Milan）
的教堂、宫廷和美术馆被转变为新的城市设计元素。在我早先的序言中，
我说的是"城市的建造（la fabbrica della città）"而不是"城市建筑（urban
architecture）"一词。"fabbrica"一词在古拉丁文和文艺复兴的概念中
意思是"建造"，是指随着时间推移的建造过程。直到今天米兰人仍然称
他们的主教堂为"穹顶的建造（fabbrica del dom）"，并通过这种表达，
使人理解教堂建设的规模和难度，理解一个单体建筑历时过程的理念。显
然，米兰大教堂、雷焦艾米利亚（Reggio Emilia）的主教堂以及里米尼
（Rimini）的马拉泰斯塔教堂（Tempio Malatestiano）——它们未完成
的状态从过去到现在都是美丽的。它们在过去和现在都是一种被时间、机遇
或城市命运所遗弃的建筑。城市的发展是由其建成物决定的，这为城市留下
了许多可能性，蕴含着未知的潜力。这与开敞形式或开敞作品的概念无关，
而是表明一种被中断了的作品。类比性城市在本质上是个整体多样性的城市，
在威尼斯人们所看到的东部与北部的呼应中，在纽约的片段结构中，在每
一个城市总会具备的记忆和类比中，我们都可以看到这一事实。

　　被中断的作品无法由个人来预见。可以说，这是城市历史中的一次历
史性意外、一个事故以及一种变化。然而，正如我在本书后面针对拿破仑

时期米兰的规划所指出的，任何一个单体建筑项目和城市命运之间最终都有某种联系。当一个建筑项目或一种形式并不是乌托邦式的或抽象的，而是从城市的具体问题演变而来，它就会通过其风格、形式和多种变形来延续和表达这些问题。这些变形或改变的重要性是有限的，恰好是因为建筑，或者城市的建造，构成了实质上的集合式建成物，并从中产生了建筑或城市自身的形象特征。

我在 1966 年总结本书的第一版时写道："因此，城市的复杂结构来自于一种论述，这种论述涉及的范围至今尚未得到充分发展。这个论述也许就像规范个人生活和命运的法则，虽然每部传记都限于生与死之间，但蕴含着大量的复杂性。显然，城市的建筑，即人类最杰出的造物，是这部传记真正的标识，甚至超出了我们对其认知的意义和感受。"

个体与集体记忆的这种重合，以及在城市历史中发生的创造，使我得出了类比的概念。类比通过建筑设计的过程来表达自身，其元素是预先存在和被正式定义的，但类比的真正意义在开始时是无法预见的，只有在过程结束时才会展现。因此，过程的意义与城市的意义相一致。

归根结底，这就是预先存在的元素的意义：就像个人的传记一样，城市通过明确界定的元素如住宅、学校、教堂、工厂和纪念物等来呈现自身。但是，城市及其建筑物的传记显然是明确界定的，它本身具有丰富的想象力和乐趣——这恰恰来源于城市的现实——最终将其笼罩在一种由建成物和情感组成的结构中，这种结构比建筑或形式都更有力，并且超越了任何乌托邦式的或形式主义的城市形象。

我想到了大城市、街道以及居住街区中的无名建筑，想到了散布在乡间的住宅，想到了像圣路易斯这类城市中的城市公墓，想到了生者与死者，以及继续建设城市的人们。我们也许会冷漠地看待现代城市，但如果我们用迈锡尼考古学家的眼光来看的话，就会发现在建筑的立面和片段背后是我们文化中最古老的英雄形象。

我之所以急切地为本书的美国第一版写这个序言，是因为这次重读此书，就像每一次的经历或设计一样，反映了我自身思想的发展；同时也是因为美国城市正在形成的特征为本书增添了一个特别的例证。

也许，正如我刚开始所说的那样，这就是城市建筑的意义。就像地毯上的图案一样，这个图案很清楚，但是每个人都用不同的方式解读它。或者更确切地说，图案越清楚，就越会引发复杂的演变过程。

阿尔多·罗西

1978 年于纽约

目 录

图 12 自然与人类的建设，19 世纪时期版画，圣哥达山口的魔鬼桥，瑞士，R·迪肯曼
（R. Dikenmann）绘制

绪 论
城市建成物和城市理论

城市是本书的主题，在此可被理解为建筑。我所说的建筑，不仅是指城市可见的形象与城市中不同建筑的总和，还指建筑的建造，即随着时间推移的城市建设。客观来说，我认为这个观点是分析城市最全面的方法；它处理集体生活中最终和根本的事实，即它所处环境的创造。

我在使用建筑这一术语时是积极和务实的，将它作为一种与文明生活和它所展现的社会不可分割的创造。建筑在本质上具有集合性。由于最初人们建造的住宅为他们提供了更有利的生活环境，塑造了人造气候，所以建造时带有美学意图。建筑与城市的最初行迹一起出现，它深深根植于文明的形成过程，是一个永恒、普遍且必然的人造物。

美学意图与创造更好的生活环境是建筑的两个永恒特征。所有阐释城市是人类创造物的重要研究都涉及这两个特征。但是，因为建筑赋予了社会具体的形式，并且与社会和自然息息相关，所以它与其他艺术和科学在根本上是不同的。这是城市实证研究的基础，因为城市是由最早的聚居地演变而来的。随着时间的推移，城市在自身基础上发展，从而获得了一种意识和记忆。在其建设过程中，城市原有的主题延续下来，但与此同时，它也修改了这些主题，使这些城市自身发展的主题更为明确。因此，虽然佛罗伦萨是一个具体的城市，但它的记忆和形式的价值也同样适用于且可以代表其他城市。然而，这些经验的普适性并不足以解释佛罗伦萨的确切形式和类型。

特殊性与普遍性、个体性与集合性之间的差异，存在于城市及城市的建设和建筑中。这种差异是本书研究城市的重要出发点之一。它表现在不同的方面：在公共领域与私密领域的关系中，在公共建筑与私人建筑的关系中，在城市建筑的理性设计与场所（或地点）的价值关系中。

　　同时，我对定量问题以及它与定性问题的关系的兴趣，也是促使写作此书的原因之一。我在城市研究中一直强调，构建一种全面性的综合体系，且随之顺利对分析资料进行定量评估，这两者都很困难。事实上，虽然每一次城市介入看似注定依赖于规划的整体性原则，但城市的每一部分又似乎是唯一之处，是一个独特的场所。尽管仅仅根据当地的情况，人们不可能以任何理性的方法对待这些介入，但是人们必须认识到，正是场所的独特性塑造了它们的特征。

　　城市研究从未足够重视关于独特建筑物的研究。由于忽视了它们，而它们恰恰是现实中最富个性、最独特、最不合常规也最有趣的方面，我们最终构建的城市理论也是杜撰和无用的。考虑到这一点，我试图建立一种易于定量评价的分析方法，可以收集统一标准下研究的资料。这种方法是一种城市建成物（urban artifact）①的理论，它源于对城市本身是一种建成物的认同，以及源于城市对单体建筑物和居住区的划分。虽然这种城市划分思想已经被多次提出，但从未被置于这个特定的语境下。

　　建筑是人类事件的固定舞台，它反映了世代人们的品位和态度，展现了公共的事件和个人的悲剧，表明了新与旧的事实。集合性与私密性、社会与个人在城市中相互制衡。城市由许多人组成，他们追求一种与自身的特定环境相一致的总体秩序。

---

① 意大利语中的"fatto urbano"来自法语中的"faite urbaine"。无论是意大利语中的这个词还是英语中的"urban artifact（城市建成物）"[约翰·萨默森爵士（Sir John Summerson）曾在 1963 年一篇名为《城市形式》（*Urban Forms*）的文章中使用过该词语，见第一章注释 7]，都不能充分表达出词语原本的完整含义。该词语原本不仅意味着城市中的某种物质，还包括它所有的历史、地理、结构以及与城市普遍生活的联系。该词语的这种含义贯穿本书。——英文版编者注

住宅和留有住宅印记的土地的变化成为这种日常生活的标志。人们只需要看一下考古学家们向我们展示出来的不同地层的城市遗迹，它们表现为一种原始和永恒的生活结构，是一种不变的模式。任何对第二次世界大战轰炸后的欧洲城市记忆犹新的人，都还会记得那残垣断壁的景象，熟悉的场所碎片依然伫立在废墟中，褪色的墙纸、悬挂在空中的衣物、吠叫的狗等。我们总能看到童年时期的住宅，以不可思议的衰败程度，出现在动荡的城市中。

图像、版画和照片记录下了这种支离破碎的城市景象。破坏与拆除、土地征用和土地使用性质的快速转变，以及土地风险投资和淘汰造成的迅速改变，所有这些都成了城市动态变化最明显的标记。而除此之外，这些景象还意味着个体命运的中断，意味着个体对集体命运忧伤且艰难参与的中断。这种景象似乎整体反映在城市纪念物的经久性品质中。纪念物是通过建筑原则表达集合意愿的标记，它们本身就是主要元素，是城市动态变化中的固定元素。

现实的法则及其修订条款构成了人类创造物的结构。本研究的目的是组织和整理这些城市科学的主要问题。对这些问题及其所有意义的完整研究，会使城市科学回归到更广泛的人类科学的综合领域；但正是在这样的框架下，我认为城市科学有其自主性（尽管在此研究过程中，我往往会质疑这种自主性和其作为一门科学的局限性）。我们可以从多个视角来研究城市，但是只有我们视其为一个基本的既成事实、一种结构和建筑，只有我们分析城市的建成物为何物，视其为一种综合作用下的最终建造成果，并且考虑到这种不能被建筑史、社会学和其他科学所涵盖的作用下的所有客观事实时，城市科学才显现出自主性。以这种方式所理解的城市科学的综合性可以看作文化史上的一个重要篇章。

在这一城市研究所采用的各种方法中，最重要的是比较的方法。由于城市是在比较中来考察的，所以我特别强调历史方法的重要性，但是我也坚持认为我们不应当仅从历史的角度来研究城市。相反地，我们应当详尽地阐述一个城市的经久性元素或经久性，以免只是将城市历史视为它们的一种功能。我认为，经久性元素有时甚至可以被认为是病态的。经久性元素在城市研究中的意义可以与固定结构在语言学中的意义相比较，这是因为城市研究和语言学研究的类似性尤为明显，尤其是在转变和经久性过程的复杂性方面。

费迪南德·德·索绪尔（Ferdinand de Saussure）[1]提出的关于语言学发展的观点可以转化为一种城市科学发展计划：现有城市的描述及其历史；研究所有城市建成物中那些永久和普遍产生作用的力量；研究领域的界定和定义。然而，我并不是要对此类计划进行系统性发展，而只想要详细地研究历史问题和描述城市建成物的方法，研究地方因素与城市建成物建造之间的关系，以及辨别城市中的主要作用力量——永久和普遍产生作用的力量。

本书的最后一部分试图探讨城市的政治问题，在这里政治问题指选择的问题。经过选择，城市通过自身的城市理念实现自我。事实上，我认为应当有更多研究关注城市思想历史，也就是理想城市和乌托邦城市的历史。据我所知，尽管在建筑史和政治思想史中存在一些关于这方面的研究，但这一领域的研究依然是稀缺和零碎的。实际上，城市建成物之间存在一个持续不断地相互影响、相互交流甚至常常相互对立的过程，城市和理想的方案使这个过程具体化。我认为建筑和既有城市建成物的历史始终是统治阶级的建筑史；革命年代产生了他们自己的城市组织的替代性方案，其局限性和实际成功经验都尚待分晓。

在开始对城市的研究时，我们会发现自己面临着两个截然不同的立场。

希腊城市是最好的例证，在这里亚里士多德学派对城市实体的分析与柏拉图共和派的分析相对立。这种对立引出了重要的方法论问题。我倾向于认为亚里士多德学派的规划是对城市建成物的研究，决定性地为城市研究、城市地理学和城市建筑学开辟了道路。然而，毫无疑问，如果不同时利用这两种层面的分析方法，我们就无法解释某些经验。当然，纯粹空间类型的理念有时会通过直接或间接的干预方式，明显地改变城市动态变化的时间和模式。

在阐述城市理论时，有许多令人印象深刻的研究可供参考，但是我们有必要将这些散落在各处的研究集中起来，然后利用它们来建立一种总体参考构架，最终把这一知识运用于特定的城市理论。即使在此没有为城市研究的历史列出这样一个总体参考构架，我们也可以注意到有两种主要体系的存在：一种是将城市视为其建筑和城市空间功能生成体系的产品；另一种是将城市视为一种空间结构。在第一种体系中，城市是通过对政治、社会和经济制度的分析来被研究的；第二种体系更接近建筑学和地理学。虽然我从第二种体系的观点开始讨论，但我也关注第一种体系中那些引出重要问题的事实。

在这项研究中，我会提到来自不同研究领域的学者，他们详细阐述了我认为很重要的理论（当然不是毫无保留的认同）。然而，在现有大量资料中，我发现有价值的研究不是很多。无论如何，我通常会注意到，如果某位学者或某本书在分析中没有起到重要作用，或者某个观点对研究工作不构成重要贡献，那么引用它就没有意义。因此，我只愿意讨论那些看起来在此研究中有重要作用的学者的研究。实际上，其中一些学者的理论构成了我的研究假设。不管人们从何处着手来开展某种自主城市理论的基础工作，都一定会涉及这些理论的贡献。

　　还有一些我想要关注的基础性的贡献，例如甫斯特尔·德·库朗日
（Fustel de Coulanges）和特奥多尔·蒙森（Theodor Mommsen）深
邃的直觉，可惜这些超出了本讨论的范围。[2] 对于前一位学者，我要特别
指出的是，他论述了习俗作为历史生活中真正不变的元素的重要性，以及
神话与制度之间关系的重要性。神话来而复往，从一个地方慢慢流传到另
一个地方；每一代人都以不同的方式叙述它们，并在这些来自过去的遗产
中加入新的元素。但是在这种不断变化的现实背后，有一个永恒的现实，
在某种程度上不受时间的影响。我们应当在宗教传统中认识这一现实的真
正基础。人们在古代城市中找到了与诸神的关系、供奉诸神的祭礼、祈求
时呼唤的诸神名字、献于诸神的礼物和祭品，这些都与不可亵渎的法则相
关联。个人没有能力超越诸神。

　　我认为，仪式在其集合属性中的重要性和作为存留神话的元素的基
本特征，是理解纪念物意义的关键，也是理解城市的建立和思想在城市
文脉中传递意义的关键。我认为纪念物具有特别的重要性，尽管它们在
城市动态变化中的重要性有时难以捉摸。这方面的工作必须推进，我认
为有必要沿着甫斯特尔·德·库朗日指出的方向来探究纪念物、仪式和
神话元素之间的关系。因为如果仪式是神话的经久性和保存性元素，那
么纪念物也是如此，因为在它证实神话的那一刻，它就使仪式成为了可能。

　　这种研究还是应该从希腊的城市开始，因为它给出了很多关于城市
结构意义的重要见解，它的起源与人类的存在和行为方式有着不可分割
的关系。现代人类学对原始村落社会结构的研究也提出了与城市规划研
究相关的新问题，这些问题要求根据城市建成物的基本主题来对它们进
行研究。这些基本主题的存在成为研究城市建成物的基础，并且需要了
解更多的建成物，以及这些建成物在时间和空间中的整合——更确切地

说，需要阐明在所有城市建成物中以经久和普遍的方式产生作用的那些力量。

让我们来考虑一下实际的城市建成物和乌托邦式的城市思想之间的关系。一般来说，对这种关系的研究是在限定的历史时期内，在适度的框架中进行的，而结果通常是有问题的。在何种限度下，我们可以将这些有限的分析纳入在城市中起作用的经久和普遍力量这个更大的框架中呢？我深信，19 世纪下半叶在空想社会主义和科学社会主义之间产生的争论是重要的学术资料，但我们不能只从纯粹的政治角度来考虑，必须根据城市建成物的实际状况来衡量，否则我们将永远存有严重的曲解。我们必须以此态度研究所有的城市建成物。我们在现实中所看到的仅仅是城市历史中部分结果的实施和拓展。一般来说，城市中最困难的历史问题是通过将历史分为不同时期的方法来解决的，因此忽视了城市动态变化力量的普遍性和经久性特征；在这里，比较研究的方法显然是重要的。

因此，进行城市研究的学者们在沉醉于工业城市中的某些社会学特征的同时，却掩蔽了一系列极为重要的城市建成物，这些城市建成物在必要时会创造性地丰富城市科学。我想到了欧洲人建立的定居地和殖民城市，尤其是那些在美洲被发现后建立的。这个课题极少有人研究。例如，吉尔贝托·弗雷雷（Gilberto Freyre）探讨了葡萄牙人给巴西的城市和建筑类型带来的某些影响，以及这些影响与在巴西建立的社会类型之间的结构性关联。[3] 在巴西的葡萄牙殖民地中，农民家庭和大庄园主家庭之间的关系与耶稣会所主张的神权政治相关联，并且这种联系连同西班牙和法国对其的影响，在南美城市的形成过程中具有极其重要的意义。我认为这方面的研究对于研究城市乌托邦和城市建设是非常重要的。

本书分为四章：第一章讲的是关于描述、分类和类型学的问题；第二

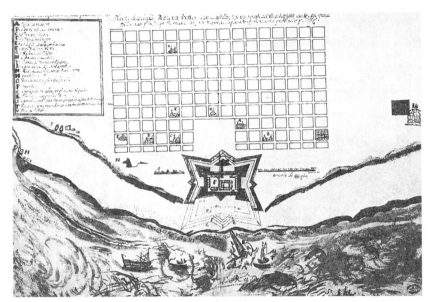

图 13　拉普拉塔河畔（Rio de la Plata）的布宜诺斯艾利斯（Buenos Aires）城市与城堡平面图，1708 年

图 14　由城市通往乡村的乡间道路，圣地亚哥－德孔波斯特拉，西班牙

章讲的是关于城市结构的不同要素；第三章讲的是关于城市的建筑、城市留下印记的场所以及城市的历史；第四章讲的是关于城市内在动力的基本问题和政治选择的问题。

　　城市形象及其建筑贯穿于所有这些问题中，并且赋予所有的人类居住地和建成领域以价值。建筑的出现不可避免，因为它深深地扎根于人类的生活中。正如皮埃尔·维达尔·德·拉·布拉什（Pierre Vidal de la Blache）所写的："荒野、树林、耕地和荒地相互联系成一个不可分割的整体，留在人们的记忆中。"[4] 这个不可分割的整体同时是自然的和人工的人类家园，并且对"自然的"进行了定义，这个定义也适用于建筑。我想到了米利齐亚对建筑本质的定义就是对自然的模仿："虽然现实中的建筑缺乏自然的原型，但是它从人类建造第一所房屋的自然劳动中获得了另一种原型。"[5]

　　有了这个定义，我认为本书提出的城市理论构架可以引发多种发展，并且这些发展会产生意想不到的着重点和方向。我相信，只要不是片面地理解城市并因此忽略了它更广泛的意义，我们关于城市的知识方面的进步就是真实且有效的。应当在这个框架内来评估我为建立城市理论而提出的纲要。这个纲要是长期研究的结果，旨在开启关于其自身发展和研究的论述，而不是仅仅用它来证实结果。

图 15 理性宫，意大利，帕多瓦（Palazzo della Ragione, Padua, Italy）

第一章
城市建成物的结构

城市建成物的个性

　　我们对城市的描述主要关注其形式。这种形式取决于实际的情况，继而指向对城市实际的体验：雅典、罗马和巴黎。城市的建筑概括了城市的形式，而从此形式中，我们可以探究城市问题。

　　对于城市的建筑，我们认为其包括两种不同的含义：首先，城市被视为一个巨型的人造物，是一个工程和建筑作品，巨大而复杂且历时增长；其次，城市的某些更为有限却很重要的方面，被称作城市建成物，像城市一样，由它们自身的历史和形式赋予其特征。在这两种含义中，建筑只清晰地表现出一个较为复杂的实体、巨大的结构的一个方面，但同时，作为这种实体最终确定的事实，建筑确立了解决问题的最为具体可行的立足点。

　　通过观察具体的城市建成物，我们会更容易理解这一点，因为立即会有一系列明显的问题呈现在我们的面前。我们也能够看到某些不太明显的问题，其中包括每个城市建成物的品质和独特性。

　　几乎所有的欧洲城市都有大型的宫殿、复合式建筑群，或者构成整个城市的一部分的聚集地，且它们原有的功能已经改变。当人们参观这种类型的纪念建筑如帕多瓦的理性宫时，总会为与之密切相关的一系列问题感到惊讶。尤其令人感到震撼的是，随着时间的推移，这种类型的建筑物可以包含多种功能，这些功能完全独立于建筑形式。同时，正是这种形式感染了我们；

我们经历它、体验它，而它转而又构成了城市。

这样一个建筑物的特性始于何处，又取决于什么？显然它更多地取决于其形式而非材料，即使后者发挥了实质性的作用。另外，它还取决于建筑在时空上发展出的复杂实体。例如，我们认识到，如果我们正在研究的建筑物是新近建成的，那它就不会有同样的价值。在这种情况下，建筑自身就会成为被评判的对象，我们可以讨论它的风格和形式，但它不会向我们展示其自身的丰富历史，即一个城市建成物的特征。

在城市建成物中，某些原有的价值和功能被保留下来，其他的则被彻底改变；我们对于形式的一些风格性外观确定无疑，其他的则不甚了了。我们思考这些存留的价值——也指精神价值——并试图探讨这些价值与建筑物的物质性是否存在某种关系，而且是否构成了与这个问题相关的唯一的经验事实。基于此，我们可以讨论关于建筑物的观念是什么，讨论我们对建筑物的普遍记忆是一种集合性产品的问题，进而讨论建筑物为我们与这种集合提供了怎样的联系。

当我们参观一座类似理性宫的宫殿，或者游览一个特定的城市时，我们会有不同的经历、不同的印象。有些人不喜欢某个地方，因为这个地方与他们生活中一些不祥的时刻有关；而另一些人则会将吉祥的特征归于某个地方。所有这些经验的总和构成了这个城市。我们必须从这个意义上出发去评价一个空间的品质——这个概念相对于我们现在的理解力而言也许是极其困难的。正是这种感受和经验促使先人们将某一个地方神圣化，而且它假设了一种类型的分析方法，比某种过于简单的、仅仅依赖于形式可识别性的心理学解释要深刻得多。

正如我说的，我们只需要研究一个具体的城市建成物来提出一系列的问题，因为城市建成物的一个普遍特征就是能使人们回到某些重要的议题上来：个性、场所、设计和记忆。每个建成物都含有关于一个特定类型的知识，该知识与我们所熟悉的知识不同且更加完整。这类复杂的知识的真实程度仍有待于我们去探索。

我再重复一下，我在此所关注的现实是城市的建筑——也就是城市的形式，它似乎概括了城市建成物的所有特征，包括它们的起源。在描述形式时，我们需要考虑已经提到的所有经验事实，并且可以通过严密的观察来量化这种描述。这就是我们所说的城市形态学的部分：描述城市建成物的形式。此外，这种描述不过是一个环节、一种工具，它使我们更加接近一种结构的知识，但它本身并不等同于该知识。

尽管所有的城市研究者在思考到城市建成物结构的时候都戛然而止，但许多人已经认识到，在他们已经列举的基本部分之外，还有城市建成物的品质（âme de la cité）。例如，法国地理学家们曾专注于发展一种重要的描述体系，但他们未能用它攻克这个最后的堡垒，因而，在表明城市是一个整体，而且这个整体就是其存在的理由之后，他们遗留下了结构的意义这一问题，匆匆一瞥而未加考察，他们也不能从自己所提出的前提出发解决这个问题：所有这些研究都没有对具体的城市建成物的实际品质进行分析。

图 16 理性宫，意大利，帕多瓦

图 17 理性宫，意大利，帕多瓦

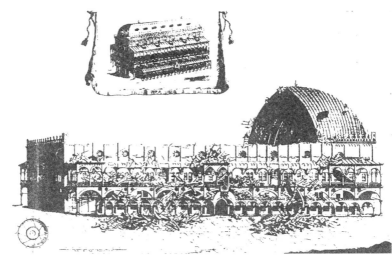

图 18 上　理性宫，意大利，帕多瓦，乔治·佛萨蒂（Giorgio Fossati）绘制的"1956 年 8 月 17 日被飓风毁坏之后的理性宫遗留物建筑图"

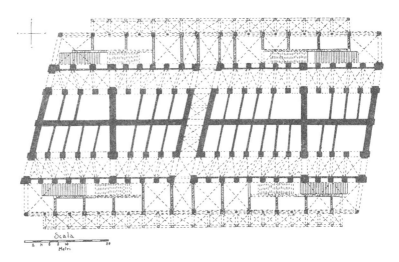

图 18 下　理性宫，意大利，帕多瓦，从 1425 年留存至今的底层平面图，根据 A·莫塞蒂（A. Moschetti）的复原图绘制。13 世纪时期的墙体被涂黑

城市建成物是艺术品

我将在后面阐述这些研究的要点。但首先有必要介绍一个基本的观点和一些研究者，他们的工作对这一研究有指导意义。

一旦我们提出一个关于具体城市建成物的个性和结构问题，就会有一系列的问题出现，总体来说，这些问题似乎构成了一种使我们能够分析艺术品的体系。鉴于目前的研究是要确立和阐明城市建成物的本质，我们应当首先说明，城市建成物的某些属性使其与艺术品十分相似，这不仅仅是隐喻意义上的。城市建成物是材料的建造物，但尽管是材料，也有些许不同：虽然它们受到条件的制约，但它们也是制约条件。[1]

城市建成物中的这种"艺术"属性与它们的品质和独特性密切相关，因此也与人们对它们的分析和定义紧密关联。这是一个极为复杂的问题，因为即使排除心理学的因素，城市建成物本身也是复杂的，虽然有可能对其进行分析，但很难定义它们。这个问题的本质一直是我特别感兴趣的，我确信，它与城市的建筑有着直接的关系。

如果人们选取一个城市建成物—— 一栋建筑，一条街道，一个地区——并试图描述它，那么我们之前在分析帕多瓦的理性宫时所遇到的困难就会出现。其中一些困难源于语言的模糊性，这其中的部分困难可以克服，但总有一类经验只属于那些在特定建筑、街道和地区走过的人们。

因此，一个人对城市建成物的概念往往不同于"生活其间"的人对同一个建成物的概念。然而，这些要考虑的因素可以划定我们的研究范围，我们的任务主要是从建造的角度来定义建成物。换句话说，首先对街道、城市以及城市的街道进行定义和分类；然后是街道的位置、功能及其建筑；最后是城市中的街道系统和许多其他的东西。

　　我们应当关注城市地理学、城市地形学、建筑学和一些其他学科。这一点很不容易，但也不是不能解决，在后面的篇幅中，我们将尝试沿着这些方向进行分析。这就意味着，我们可以用一种相当普适的方法来建立任何一座城市的逻辑地理学，这种逻辑地理学将主要用来研究语言、描述和分类的问题。因此，我们可以解决像类型学这样的一些基本问题，在城市科学领域，这些问题尚未被认真和系统地研究过。在现有分类的基础上，有太多未经证实的假设，这必然导致无意义的讨论。

　　通过运用我刚刚提到的那些学科知识，我们可以对城市建成物进行更广泛、具体和完整的分析。城市被视为人类卓越的成就，或许，这也与那些只有通过实际体验特定的城市建成物才能得到的体悟有关。事实上，城市的概念，或更准确地说，作为艺术品的城市建成物的概念，一直出现在城市研究中。我们也可以在各个时代的艺术家展现的不同的直觉和描绘形式中，或者在许多社会和宗教生活的表现形式中发现这种概念。在后一种情况中，它总是和城市中的特定地点、事件和形式联系在一起。

　　城市作为艺术品，首先明确而科学地表现在它与集合式建成物的性质的概念的相关性上，而且我认为，任何城市研究都不能忽视这一点。集合式城市建成物与艺术品是怎样关联的呢？所有社会生活的伟大表现和艺术品的共同之处在于，它们都产生于无意识的生活之中。这种生活在前者中是集合式的，在后者中是单独的，不过这只是一个次要的差别，因为一个是公众的产品，另一个是为了公众而制作的产品，公共性是其共同的特征。

　　克劳德·列维-斯特劳斯（Claude Lévi-Strauss）[2] 用这种方式提出问题，把城市研究带进了一个有许多意想不到的发展的领域。他注意到，城市比其他艺术品更能获得自然和人为因素之间的平衡：城市是自然的实体，也是文化的产物。莫里斯·哈布瓦赫（Maurice Halbwachs）[3] 进一步发展了这种分析，他假定想象力和集体记忆是城市建成物的典型特征。

在这些对于城市结构复杂性的研究中，卡洛·卡塔尼奥（Carlo Cattaneo）的研究是一个出乎意料且鲜为人知的先例。卡塔尼奥从来没有明确地考虑过城市建成物的艺术本质问题，但在他的思想中，艺术和科学作为人类思维发展的两个具体方面，它们之间的密切联系预示了这种研究方法。后面我会讨论他关于历史理想原则的城市概念、乡村与城市之间的联系，以及他提出的其他与城市建成物有关的问题。而在这一点上，我最感兴趣的是他如何看待城市，事实上，卡塔尼奥从未区分过城市和乡村，因为他认为所有的人居空间都是人的作品："……就此而言，每个区域与荒野都有所区别——它们都凝结着巨大的人类劳动……因此，这样的土地不是自然的作品，是我们双手创造的作品，是我们的人造家园。"[4]

城市和地区、农田和树林因凝聚我们双手的巨大劳动而成为人类的作品。在一定程度上它们是我们的"人造家园"和建成实体，它们也证实了自身的价值，构成了记忆和经久性。城市在自身的历史之中，因此，人与地点之间的关系连同艺术品——根据美学规律来影响和指导城市演变的根本和关键的事实——为我们提供了研究城市的综合方法。

当然，我们也应考虑人们如何在城市中定位自己，以及他们空间感受的形成和发展。我认为，这个方面的探索构成了最近美国的一些研究的最重要的特征，尤其是凯文·林奇（Kevin Lynch）的研究。[5]它涉及空间的概念化，而且很大程度上可以建立在人类学研究和城市特征的基础之上。马克西米利安·索尔（Maximilien Sorre）也用这样的素材进行了这类观察，特别是马塞尔·莫斯（Marcel Mauss）关于爱斯基摩组群名称和地名之间对应关系的研究。[6]目前，这一观点只能作为我们进行研究的引子，城市是人类生活伟大而综合的体现，当我们思考了城市和城市建成物的其他几个方面之后，再回到这些研究会更有帮助。

　　我将在建筑这个最为稳定而又显著的舞台的背景下，来阐述城市作为人类生活伟大而综合的这种表现。作为根据美学概念塑造现实和组织材料的人类产品，建筑具有巨大价值，有时候我会自问为什么没有人从这方面来分析建筑。从这个意义上说，建筑不仅是人们生活的地点，而且它本身也是这种生活的一部分，这体现在城市及其纪念物中，体现在区域和住宅中，体现在所有出现在居住空间里的城市建成物中。很少有理论家试图从这个角度来分析城市的结构，来理解那些作为城市中真正结构的交会点且引发理性活动的固定地点。

　　我现在把城市假设为一个人造物，作为随着时间发展起来的建筑或工程作品，这是我们开展研究的最为重要的假设之一。[7]

　　卡米洛·西特（Camillo Sitte）的研究看似仍然可以为许多不明确的问题提供解答。他在探求城市建设的法则时并不仅限于纯技术方面的考虑，而是充分考虑了城市规划的"美感"，考虑了城市的形式："我们在城市规划中有三种主要方法和一些附属方法。主要方法是指方格网体系、放射形体系和三角形体系。附属方法大多是这三者的结合。从艺术的角度来说，这些体系毫无趣味，因为它们没有丝毫艺术内涵。三种主要方法都只关注街道的组织形式，所以它们的意图从一开始就是纯技术性的。道路网总是只为交通服务，而不是为艺术服务，因为人们无法从感官上去理解它，我们只能在规划图上去把握它的整体。由于这个原因，在我们的讨论中，目前还没有提及道路网，也就没有谈论古代雅典、古罗马、纽伦堡或威尼斯的道路网。这些道路网没有艺术性，因为它们在整体上是不可理解的。只有旁观者眼中可以看到的，即那些视觉范围内的事物，才具有艺术价值，比如一条街道或一个广场。"[8]

西特的忠告从经验主义上看是重要的，并且在我看来这使我们回到了上面提到的某些美国的经验上，即艺术性品质可以被看作一种功能，它具有赋予符号具体形式的能力。毫无疑问，西特的研究能帮助我们免于许多困惑。它将我们引向了城市建设的技术，在城市建设中仍然有这样的实际情况，一个广场的设计中会出现逻辑传递的原则，用于指导其设计。然而由于某种原因，这样的典例往往是一条街道或一个特定的广场。

此外，西特的研究中也包含了一个严重的误解，就是把作为艺术品的城市缩减为多少可以感知到的艺术事件，而不是一种具体且整体的经验。我们认为这种关系反过来就对了，因为整体比单一的部分更重要，只有完整意义上的城市建成物——从街道体系、城市地形到人们漫步街头才能看到的景象——才能构成这个整体。当然，我们应当通过其部分来审视这个整体建筑。

我们要开始研究分类问题，应当从建筑物的类型学以及建筑与城市的关系入手。这种关系构成了此项研究的一个基本假设，它始终把建筑物作为组成城市整体的环节与部分，我将从不同的视角来分析它。启蒙运动时期的建筑理论家对这一立场也持有明确的态度。杜兰（Durand）在巴黎综合理工学院的授课笔记中写道："就像墙体、柱子等是构成建筑物的元素一样，建筑物是构成城市的元素。"[9]

类型学的问题

城市作为最重要的人造产品，是由它的建筑和所有那些真正改变了自然的作品构成的。青铜器时代的人们为了使环境适应社会的需求，用砖建造人工岛屿、挖掘水井、排水渠和水道。最初的住宅为人们提供了躲避外部环境的庇护，形成了一个人们可以控制的环境。城市核心的发展将这种控制扩大到微气候的创造和延伸。新石器时代的村落已经根据人们的需要而首次改变了世界。"人造家园"和人类的历史一样悠久。

正是在这种转变的意义上，构成了居住建筑、神庙以及更为复杂的建筑物最初的形式和类型。类型根据对美的需要和追求而发展。一个特定的类型与一种形式和生活方式相关联，尽管其具体形式在各个社会中差别很大。类型的概念因此成为建筑的基础，这个事实已经在理论上和实践中得到证明。

显然，类型的问题很重要。它们一直存在于建筑历史之中，而且一遇到城市问题就会自然而然地出现。像弗朗西斯科·米利齐亚这样的理论家从未如此定义过类型，而像下面这样的陈述却似乎具有某种预见性："任何建筑物都由三个重要项构成：它的地点、形式以及各个部分的组织。"[10] 我将类型的概念定义为某种经久的且复杂的事物，定义为先于形式并构成形式的逻辑原则。

重要的建筑学理论家伽特赫梅赫·德·甘西（Quatremère de Quincy）解释了这些问题的重要性，并对类型和原型做了精妙的定义："'类型'一词与其说代表了一个被复制或精确模仿的事物的形象，倒不如说是一个要素的概念，这个要素自身一定要对原型起到规范的作用……根据艺术的实际应用来理解，原型是一种被依样复制的物体；而类型则正好相反，人们可以根据它去设想一些完全不同的作品。原型中的一切是精确的且给定的，而类型中的内容或多或少是模糊的。因此，我们看到，对类型的模仿所指的都是情感和精神所能感受的事物……"

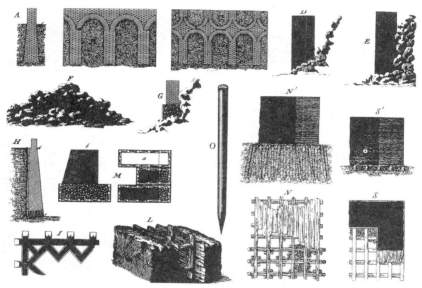

图 19 各种类型的基础。出自《民用建筑原理》，弗朗西斯科·米利齐亚（Francesco Milizia），
1832 年

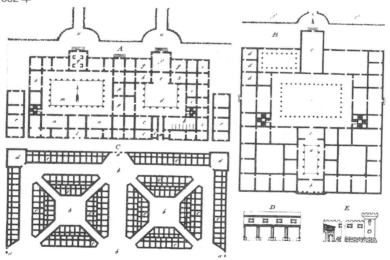

图 20 院落住宅和有围墙的市场。A 希腊住宅平面图；B 罗马住宅平面图；C 西皮奥内·马菲
（Scipione Maffei）设计的维罗纳（Verona）市场平面图，显示了一半的市场；D 市场商店
视图（在平面图中标记为 "c"）；E 市场围墙外部视图。出自《民用建筑原理》，弗朗西斯科·米
利齐亚，1832 年

图 21 多立克柱式。出自《民用建筑原理》，弗朗西斯科·米利齐亚，1832 年

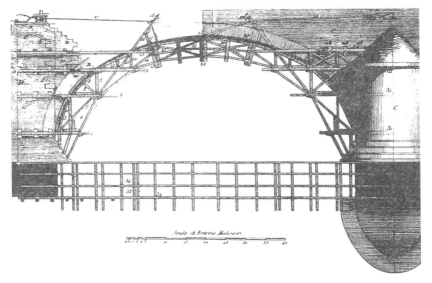

图 22 建造穹顶的木制构架。出自《民用建筑原理》，弗朗西斯科·米利齐亚，1832 年

图 23　瓦尔瓦内拉庭院（Corral of Valvanera），
塞维利亚，西班牙

图 24　瓦尔瓦内拉庭院，塞维利亚，西班牙

图 25 巴斯克巷，与西班牙比亚纳镇的主要街道平行

图 26 "洗衣女巷"，位于米兰圣高达大街（Corso San Gottardo）与纳维利奥大运河之间

"我们也看到，尽管后来会产生变化，所有的发明总是以一种感官和理性上清晰明了的方式保持其基本原则。这类似于一个核心，它在周围集聚了不同形式的发展和变化。因此，每一种事物都有成千上万的个体流传下来，科学和哲学的主要任务之一就是要探究它们的起源和形成，以把握它们的目的。这就是建筑学中所说的'类型'，就像人类发明和制度的所有其他分支一样……我们致力于这项讨论，是为了使类型一词（以隐喻的形式出现在大量研究之中）的含义可以被清晰地理解，并且指出一些人的错误：要么因为类型不是原型而忽视它，要么通过把原型那种完全复制的严苛性强加给类型而歪曲它。"[11]

在引文的第一部分中，作者否认了类型被模仿或复制的可能性，因为在这种情况下，正如他在第二部分中所声称的，没有"原型的创造"，也就没有建筑的产生。第二部分表明，在建筑（无论是原型还是形式）中有一种元素扮演着自身的角色，它不是建筑实体所要遵从的东西，而是在原型中存在的东西。这就是规则，是建筑的组织原则。

事实上，可以说这个原则是持续不变的。这个观点的先决条件是建筑物被视为一种结构，而这种结构可以被建成物本身揭示和辨别。原则是持续不变的，我们可以以称之为典型元素或简称为类型，它存在于所有的建成物中。它也是一种文化元素，可以在不同的建筑物中对其进行研究。类型学就这样成为建筑的分析环节，并且这一点在城市建成物的层面更显而易见。

因此，类型学本身所研究的是不能再进行缩减的元素的类型，即城市的元素类型和建筑的元素类型。例如，关于单中心的城市或建筑物是否为向心式平面布局的问题，都是具体的类型问题；类型不可能只用一种形式来识别，尽管所有的建筑形式都可以归类为类型。这种归类过程是必要的、合乎逻辑的操作，没有这个前提就无法谈论形式问题。从这个意义上说，所有的建筑理论也是类型学理论，而且在实际设计中很难区分两者。

　　因此，类型是经久的，且显现出必然性的特征。虽然它是预先确定的，但通过技术、功能、风格以及建筑物的群体特征和个性辩证性地做出反应。例如，向心式平面布局显然是宗教建筑的一种固定不变的类型，即便如此，每当向心式平面布局被选定后，通过教堂建筑的功能、建造技术，以及参与教堂生活的群体，其组织方式会辩证地发生作用。我倾向于相信，住宅的类型从古至今都没有改变，但这并不是说实际生活方式没有改变，也不是说新的生活方式永远不会出现。带凉廊的住宅是一种古老的结构；通往房间的走廊是平面布局中必不可少的，而且出现在很多城市的住宅中。但在不同时期的个体住宅中，这种建筑结构有很多种变化。

　　最终，我们可以说，这种类型就是建筑的理念，它最接近于其本质。尽管会有变化，但它总强调"情感和理性"，作为建筑和城市的原则。

　　虽然类型学的问题从未被系统而广泛地研究过，但如今对类型学的学习已经出现在建筑学校中，而且似乎有很好的前景。我相信，建筑师如果想要创立和扩大自己的研究，就应当再次关注这方面的讨论。[12] 类型学是一个在形式构成中发挥自身作用的元素，它的作用是持续的。问题在于研究它产生作用的方式，以及它的有效价值。

　　当然，在这个领域过去的许多研究中，除了少数例外和那些坦诚补遗的研究，很少有人着重解决这个问题。他们总是回避或改变它，突然去追求其他叫作功能的东西。由于功能问题在我们探究的领域中是绝对重要的，我将尝试去讨论它是如何在城市和城市建成物的研究中出现和演变的。需要立即指出的是，只有我们思考了有关描述和分类的问题之后，才能讨论这一问题。在大部分情况下，现有的分类方法没能突破功能问题的框架。

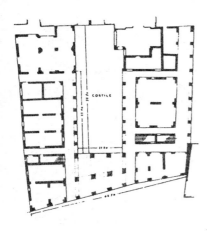

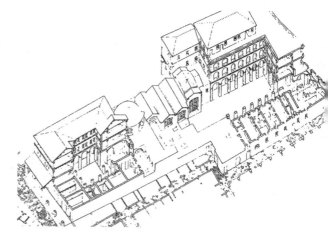

图 28 奥里吉住宅、塞拉皮德住宅以及中间的浴室构成的房屋，奥斯提亚古城，罗马，该轴测图由伊塔洛·吉斯蒙迪绘制

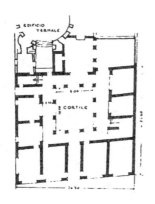

图 27 上图为奥里吉住宅（House of Aurighi）平面复原图，下图为塞拉皮德住宅（House of Serapide）平面复原图，奥斯提亚古城（Ostia Antica），罗马，由伊塔洛·吉斯蒙迪（Italo Gismondi）于 1940 年绘制

图 29 奥斯提亚古城区，罗马，包括奥里吉住宅与塞拉皮德住宅，由伊塔洛·吉斯蒙迪于 1940 年绘制

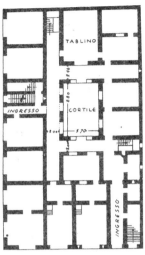

图 31　戴安娜住宅，奥斯提亚古城，罗马。该平面复原图由伊塔洛·吉斯蒙迪绘制

图 30　戴安娜住宅内庭院，奥斯提亚古城，罗马。由伊塔洛·吉斯蒙迪绘制

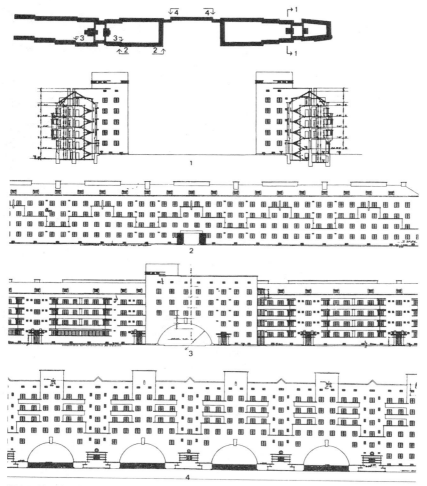

图 32 海利根施塔特大街（Heiligenstadter Strasse）82 ~ 90 号剖面图与各方向立面图，卡尔·马克思大院（Karl Marx-Hof），维也纳，卡尔·恩（Karl Ehn）设计

图 33　卡尔·马克思大院，维也纳，兴建于 1927 年

批判朴素功能主义

　　我们已经指出了与城市建成物相关的主要问题，其中包括个性、场所、记忆和设计本身，并没有提到功能。我认为，如果要阐明城市建成物的结构和组成，从功能角度对城市建成物进行的任何解释都是不能被接受的。稍后我们会列举一些重要的城市建成物的例子，这些建成物的功能随着时间而改变，甚至某一特定功能已不复存在。因此，本研究的一个论点是为了肯定城市分析中建筑的价值，否定从功能的角度来解释城市建成物。我坚持认为，这种解释根本无法阐明城市建成物，正相反，这种解释是倒退的，因为它阻碍了我们根据建筑的真正法则来研究其形式和理解建筑世界。

　　我们要说明的是，这并不意味着否认功能概念的合理意义，也就是说，它可以作为相关函数的代数值，也不是否认人们会试图在功能与形式之间建立比因果线性关系更为复杂的关系（这种线性关系在现实中是不存在的）。我们反对那种纯粹经验主义所支配的功能主义概念，这种概念认为功能汇集了形式，并且功能自身构成了城市建成物与建筑。

　　如此设想的功能在生理学中可以被比喻为身体的一个器官，其功能表明了器官的形成和发展，功能的变化意味着形式的改变。从这个角度看，现代建筑中所盛行的功能主义和有机主义这两种主要思潮，展现了相同的根源以及造成它们薄弱环节和模糊性的原因。通过这两种思潮，形式被剥去了其最复杂的派生物：类型被简化为一种简单的组织方式、一个流线图，而建筑被视为没有自主价值。因此，人们无法进一步分析刻画城市建成物的特征及建立它们之间复杂的美学意图和需求。

　　虽然功能主义学说产生于更早的时期，却是由布罗尼斯拉夫·马林诺夫斯基（Bronislaw Malinowski）清楚地阐明并应用的。在谈到人造物、物品和住宅时，他明确指出："以人们的住宅为例……在对其技术结构的各个阶段及其结构要素进行研究时，应当考虑住宅的整体功能。"[13] 此类观点从一开始就让人们只关注人造物、物品、住房以及服务的目的。"为了什么目的"的问题仅用简单的理由来回答，因此阻碍了对真正目的的分析。

这种功能概念最初被认为是所有的建筑和城市思想中一个给定的东西，尤其是在地理学领域，它造成了多数现代建筑的功能主义和有机主义特征。在城市分类研究中，功能概念优先于城市景观和形式。尽管许多学者对这种功能分类的有效性和准确性表示怀疑，但他们认为没有其他可行的分类方法能够取而代之。因此，乔治斯·沙博（Georges Chabot）[14] 断言人们不可能精确地定义城市，因为总存在一个无法精确描述的"剩余物"，然后他转而运用了功能的方法，即使他立即承认了这种方法的不足。

在这样的理论中，市民的功能性活动是用来阐释城市这一集合体的基础。城市的功能成了它存在的理由，并且城市以此形式来展现自己。在多数情况下，形态学研究被简化为简单的功能研究。一旦建立起功能的概念，人们实际上会立即进行明确的分类：商业城市、文化城市、工业城市和军事城市等。

另外，即使在对功能概念进行普遍批判的情况下也必须指出的是，在这种分派功能的体系中难以确立商业功能的角色。事实上，正如已经提到的，基于功能的分类概念实在太表面化了，它赋予所有功能类型同等的价值，但事实并非如此。实际上，商业功能占据主导地位的事实已越来越明显。

从生产的角度来看，这种商业功能是用"经济"来解释城市的基础。这种解释最早出现在马克斯·韦伯（Max Weber）[15] 的经典论述中，并且经历了一个特定的发展阶段，我们将在后面讨论它。考虑到城市的功能分类，唯一合乎逻辑的结论是：在城市的形成和发展中，商业功能本身就是城市建成物多样性最有说服力的解释，并与城市的经济理论联系在一起。

一旦认为不同的功能有不同的价值，我们就否定了朴素功能主义的有效性。实际上，按照这种思路，我们发现朴素功能主义最终与自己最初的假设相矛盾。进一步来说，如果城市建成物只是简单地通过建立新的功能来不断地改变和更新自己，那么通过城市建筑所展示的城市结构的价值将会是连续且易于获得的。建筑物和形式的经久性就没有任何意义，并且文化传递（城市是其中的一个元素）的想法就存在问题。所有这些都不符合事实。

然而，朴素功能主义的理论非常便于初级分类，并且在这个层面上很难找到替代物。它有助于维持某种秩序，并为我们提供简单而有用的事实——只要它不自称能用相同的法则解释更为复杂的事实。

另外，我们试图提出城市建成物和建筑的类型定义，这个定义最早在启蒙运动中被阐述。它使我们能够对城市建筑物进行准确的分类，并且最终得到一种基于功能之上的分类，不过这里的功能分类只构成类型定义中的一个方面。如果我们从一个基于功能的分类开始，会以完全不同的态度来看待类型，事实上，如果我们坚定功能的重要性，就要把类型理解为功能的组织模型。但这种把类型乃至城市建成物和建筑理解为某些功能的组织原则的思想，几乎完全否定了我们对现实的基本认识。即使基于功能的建筑物和城市分类可以概括某类数据，但将城市建成物的结构削减为组织一些（或多或少）重要的功能的做法，仍是令人难以理解的。这种严重的曲解已经阻碍并且在很大程度上还将继续阻碍城市研究方面的实际进展。

如果城市建成物仅仅是组织和分类的问题，那么它们既不具有连续性，也不具有个性，那么纪念物和建筑就没有存在的理由：它们不会对我们"诉说"任何事情。当把城市建成物客观化和计量化时，上述立场显然具有一种意识形态特征；这些功利主义的观点就像消费产品那样被采用。在后面，我们将会涉及这种概念更为具体的建筑含义。

总之，我们愿意接受功能分类是一种实用和条件性的标准，和其他一些标准相当——例如社会构成、建设系统、地区发展等——因为这些分类具有一定的实用性。尽管如此，这些分类的作用显然更多地在于告诉我们关于分类所采用的观点，而不是一个元素本身。考虑到这些附加条件，这种分类观点就可以被接受。

分类的问题

在对功能主义理论的总结中，我特意强调了那些使它如此占有优势并被广为接受的方面。这在一定程度上是因为功能主义已经在建筑界取得了重大成功，也因为在过去的 50 年中受过该学科教育的人还难以摆脱其影响。人们应该探寻一下功能主义曾经是如何决定现代建筑发展的，而今天又是如何阻碍其进步和发展的，但这不是我在这里要研究的议题。

相反地，我希望我们的讨论能集中在建筑和城市领域中其他研究的重要性上，它们构成了我正在推进的论题的基础。这些研究包括让·特里卡尔（Jean Tricart）的社会地理学、马塞尔·博埃特（Marcel Poète）的经久性理论，以及启蒙理论，尤其是米利齐亚的启蒙理论。所有这些之所以让我产生兴趣，主要是因为它们基于对城市及其建筑所进行的连续解读，并对城市建成物的普遍理论产生了影响。

对特里卡尔[16] 而言，城市的社会内容是理解城市的基础，在对最终赋予城市景观意义的人造地理环境进行描述之前，必须先进行社会内容的研究。社会现实，在某种程度上作为一个特定的内容，是先于形式和功能的，可以说它包含了这两个方面。

人文地理学的任务就是结合城市所在地的形式来研究城市的结构，这需要对场所进行社会学研究。在进行场所分析之前，有必要先确定场所的界限范围，因此特里卡尔提出了三种不同秩序或规模的场所：

1. 街道，包括其周围的建成区和空地。

2. 地区，由一组具有共同特征的街区组成。

3. 整个城市，由一组地区组成。

社会内容是使它们相类似且彼此联系的原则。

在特里卡尔论点的基础上，我将建立一种与他的假设相一致的特别的城市分析方法，并采用对我来说相当重要的地形学观点。但在此之前，我想提出一个异议，我不认同特里卡尔研究中的规模，或者说把城市分为三个部分的观点。我们可以肯定的是，城市建成物只能从地点的角度来研究，但我们不认同以不同的规模来说明这些地点。况且，即使我们承认这种观点在教学和实际研究中是有用的，它依然包含了某些不能接受的东西。这与城市建成物的品质有关。

因此，虽然我们并不完全否认有不同规模的研究，但我们无法认同那种把城市建成物的变化归结为其自身规模的观点。与此不同的观点认为，城市随着扩张而变化，或是城市建成物本身的差异性在于其规模的不同。正如理查德·拉特克利夫（Richard Ratcliff）所说的那样："只在大都市环境中考虑布局不均的问题，会促成一种普遍却错误的假设，即这是规模上的问题。我们将会看到，所要考察的问题在村落、城镇、城市以及大都市中不断地以不同的程度出现，因为在人和物聚集的地方，城市生活的动力是至关重要的，城市有机体不论规模大小都受到同样的自然和社会法则的约束。把城市问题归咎于规模意味着解决问题的方法在于扭转其生长过程，即用分散的方法。这种假设和方法都是有问题的。"[17]

对于街道的规模，城市环境中的一个基本元素就是有人居住的不动产以及城市的不动产结构。我之所以定义为"有人居住的不动产"而不是房屋，是因为此定义在各种欧洲语言中更加精确。不动产主要与用于建设的土地的契约登记有关。居住用地大多用于住宅区开发，但也会涉及专用房地产和混合房地产，这样的划分虽然有一定的作用，但仍是不够的。

我们可以从平面布局入手，对这样一块土地进行如下分类：

1. 被开敞空间环绕的住宅小区。

2. 相互连接且面向街道的住宅小区，形成了连续的与街道平行的墙体。

3. 几乎占满所有可用空间的纵深住宅小区。

4. 带有封闭院落和小型内部建筑物的住宅。

这种分类是根据对用地的几何或地形学描述来划分的。我们可以进一步来发展它，并积累关于技术设备、风格现象、绿地与使用空间关系等其他分类数据。这些信息引发的问题可以引导我们回到主要的议题上，大致来说这些议题讨论的是：

1. 客观事实。

2. 不动产结构与经济情况的影响。

3. 历史与社会的影响。

不动产结构与经济问题尤其重要，并且与我们所说的历史和社会的影响密切相关。为了说明这种类型分析的优点，我们将在本书的第二章讨论住宅和居住区的问题。就目前而言，我们将继续研究不动产的结构与经济数据，虽然对后者只是概要性的研究。

城市中地块的形状及其形成和发展，展现了一段与城市密切相关的城市土地财产与阶级演变的悠久历史。特里卡尔已经非常清楚地表明，对地块间形式差别的分析证实了阶级斗争的存在。我们可以通过历史上的土地财产登记图极为准确地了解不动产结构的改变，这种改变表明了城市资产阶级的出现和资本逐渐集中的现象。

用这类标准来分析像古罗马城这样有着非凡生命周期的城市时，它能提供非常清晰的信息。它使我们得以追溯从农业城市到帝国时期大型公共空间的演变过程，以及随后从共和时期的院落住宅到罗马时期大型平民公寓的过渡。占据大片土地的罗马时期的公寓是一种非同寻常的住区概念，它预示了现代资本主义城市及其空间划分的理念，也有助于解释城市的机能失调和矛盾。

我们之前从地形学角度来看待的不动产，在社会经济背景下也提供了其他分类的可能性。我们可以从以下几点区分：

1. "资本主义之前"的住宅：是房主不以剥削为目的建造的。

2. "资本主义"住宅：用来出租，一切以赚钱为最重要的目的。这种住宅最初可能是为富人或穷人而建的，但在前一种情况中，随着需求的普遍增长，为富人建的住宅在社会发展变化下地位迅速下降。这种地位上的变化造成了区域的衰落，这是现代资本主义城市最典型的问题之一，其本身也是美国人在专门研究的课题。与意大利相比，这种问题在美国更为突出。

3. "半资本主义"住宅：为一户家庭而建，其中一层用于出租。

4. "社会主义"住宅：出现在没有私有土地的社会主义国家和先进国家中的一种新型住宅。在欧洲，这类住宅最早的例子是第一次世界大战后在维也纳建造的住宅。

当这种对社会内容的分析应用特别地关注城市地形学时，它就能够为我们提供相当完整的城市知识；这样的分析通过连续的综合方式来进行，使某些基本事实被揭示出来，最终包含更为普遍的事实。另外，通过对社会内容的分析，城市建成物的形式有了更有说服力的合理解释，并且出现了一些在城市结构中起着重要作用的议题。

从科学的角度来看，马塞尔·博埃特的理论[18]无疑是最具现代性的城市研究之一。博埃特关注城市建成物，指出它们是城市有机体的指示物，它们提供了在现有城市中可验证的准确信息。城市建成物的连续性是它们存在的理由：当地理、经济、统计信息必须和历史事实一起被综合考虑时，过去的知识便构成了现在的语汇和未来的标准。

　　这些知识可以从对城市平面布局的研究中获得，它们具有明确的形式特征，例如城市的街道形式可以是直的或弯曲的。城市的整体形式也有自己的意义，它自身的需要必然会在其建筑作品中表现出来。这些作品除了呈现明显的差异性外，还具有不可否认的相似之处。因此，在城市建筑的历史中，建筑作品的形状或多或少有一种明确的联系。在不同的历史和文明时期的背景下，可以验证城市主题的某种恒久性，并且这种恒久性确保了城市表达的相对统一。城市和地理区域之间的关系由此而发展，这一点可以根据街道的作用来进行有效的分析。因而在博埃特的分析中，街道具有重要的意义：城市产生于一个固定的地方，而街道赋予其生命力。城市的命运与交通干线的关联成为一个根本的发展原则。

　　在对街道和城市关系的研究中，博埃特得出了重要的结论。对于任何一个城市来说，应该都可以对街道进行分类，然后将这种分类反映到该地理区域的地图上。无论是文化街还是商业街，应该都能够根据因此而产生的变化的属性来获得特征。博埃特引述了希腊地理学家斯特拉波（Strabo）对弗拉米尼安大道（Flaminian Way）上"影子城市"的观察，沿街的发展被解释为"更多的是因为它们是沿着那条道路的，而不是其他任何重要的内在原因"。[19]

　　博埃特的分析从街道延伸到城市的土地上，这里包含了自然的作品和市民的作品，且与城市的构成有关。在城市构成中，所有东西都应当尽可能真实地表现出这个集合有机体特定的生命力。而平面布局的经久性就是城市这个有机体的基础。

　　经久性是博埃特理论中的基本概念，它也使人联想到皮埃尔·拉韦丹（Pierre Lavedan）的分析[20]，这对我们来说是最完整的分析之一，其中运用了地理学和建筑史学中的基本原则。在拉韦丹的理论中，经久性是平

面布局的发生器，而此发生器又是城市研究的主要对象，因为通过对它的
理解，人们可以重新发现城市的空间构成。这个发生器体现了经久性的概
念，反映在城市的实际结构、街道和城市纪念物中。

　　博埃特和拉韦丹的贡献，以及地理学家沙博和特里卡尔的贡献，成为
法国学派对城市理论所做的最重要的贡献之一。

图 34 卡尔·马克思大院，维也纳

　　启蒙运动思想对城市建成物综合理论的贡献值得进行专门的研究。第一，18 世纪理论家们的目标之一就是确立从逻辑基础上发展而来的建筑原则，在某种意义上这个原则并不依赖于设计。他们的论著因而成为一系列连续推进的议题。第二，他们总是把单个元素视为城市体系的一部分，因此，正是城市赋予了单体建筑物必要性和现实性的标准。第三，他们把最终体现结构的形式和对结构的分析相区别，形式本身因此具有一种"经典的"经久性，而不能被简化为当下的逻辑。

　　人们可以详细地讨论上述的第二个观点，但是需要掌握充足的知识。这个观点显然适用于现有的城市，同时它也假设了未来的城市，以及建筑物构成与其环境之间不可分割的关系。然而，伏尔泰在对 17 世纪法国黄金时代的分析中，已经指出了这类建筑的局限性：如果每一个建筑的任务都是与城市本身建立直接联系的话，那么城市将会是乏味的。[21] 拿破仑一世时期的规划和方案体现了这些观念，成为城市历史中重要的平衡时期之一。

　　在启蒙运动所提出的这三个观点的基础上，我们可以来探讨米利齐亚的理论。[22] 米利齐亚是一位关注城市建成物理论的建筑评论家，他提出的分类方式既涉及单体建筑，也涉及整体城市。他把城市建筑物分为私密的和公共的两大类，前者指住宅，后者则指那些我称之为主要建筑的"首要元素"。此外，他将它们分门别类以便区分，进而在总体功能或城市的总体思想中，把每种主要元素区分为一种建筑类型。例如，别墅和住宅属于第一类，而警察局、公共设施和仓储设施等属于第二类。公共建筑还可以进一步细分为大学、图书馆等。

　　米利齐亚在其分析中首先提到了建筑的分类（公共的和私密的），其次是建筑物在城市中的位置，第三则是建筑物的形式和组织。"为更好地方便公众，需要这些公共建筑靠近城市中心，围绕大型社区广场而组织建造。"[23] 总的体系就是城市，其建筑元素的发展与所采纳的城市体系的发展密切相关。

米利齐亚心目中的城市是什么样的呢？城市的发展和建筑的规划应该并重。"即使没有奢华的建筑物，城市也可以显得美丽而迷人。但是，谈论一个美丽的城市就是谈论其优秀的建筑。"[24] 这种论点几乎存在于所有启蒙运动时期的建筑论著中；美丽的城市等同于好的建筑，反之亦然。

根深蒂固的思维方式使启蒙运动的思想家们坚持这种论点。我们知道，他们之所以对哥特式城市缺乏了解，是因为他们看不到那些单体建筑与更大的系统之间的关联，从而无法认识构成城市环境的单体建筑的价值。如果说他们是因为无法认识哥特式城市的意义和美丽而显得目光短浅，那么这并不会影响他们自身思想体系的正确性。然而，在今天看来，哥特式城市的美丽恰恰在于它是一个非凡的城市建成物，其独特性明确地体现在它的组成部分中。通过对城市各个部分的探究，我们可以领悟这种美：它也是体系的一部分。把哥特式城市看作有机的或自发的观点是错误的。

米利齐亚的观点中还有另一方面的现代性。在确立了他的分类概念之后，他继续在整体构架中对建筑进行分类，并且根据功能来确定其特征。这种功能概念独立于形式，它更多的是被理解为建筑物的目的，而不是自身的功能。因此，具有实际用途的建筑物会与功能并不那么具体明确或务实的建筑物分在同一类中。例如，服务于公共卫生或安全目的的建筑物会与壮丽或庄严的建筑物归在同一类别中。

至少有三种论点支持这种立场。第一种论点是将城市视为一个综合结构，其中的部分具有艺术品的功能；第二种论点是关于对城市建成物总体类型的评价，换句话说，人们通过将城市建成物简化为它们的类型本质并对此作出说明，来实现对城市某些方面的技术性解释；第三种论点认为，这种类型化本质在原型的构成中起着"自己的作用"。

例如，在对纪念碑的分析中，米利齐亚得出了三条标准："面向公众利益、位置恰当、根据合适的法则构成"[25]"从影响纪念碑建造的习俗来看，纪念碑无非是一种具有意义和富于表现的简单结构，上面刻有清晰简短的碑文。因此只需一瞥便会明白它们的意义。"[26] 换句话说，就纪念碑的本质而言，尽管我们只能重复地说纪念碑就是纪念碑，但我们仍然可以设立一些条件来表明纪念碑的类型和构成的特征，不论这些能否准确地阐明纪念碑的本质。另外，这些特征大部分具有城市的性质，但它们同样是建筑即构成的条件。

这是我们稍后要讨论的一个基本问题，即在启蒙运动思想中原则与分类是建筑的一个总体方面，而在现实建造与评价中，建筑主要与单体建筑和建筑师个人相关。米利齐亚曾嘲笑那些把建筑秩序和社会秩序混为一谈的建筑商和支持客观的功能组织模式（如后来浪漫主义时期所产生的功能组织模式）的人们，他主张："要获得蜂窝的功能组织，就要去捕捉昆虫……"[27] 在这里，我们再一次从单个论述中看到了两个论题：抽象的组织秩序和对自然的参照。这两个论题在后来的建筑思想的发展中是十分重要的，并且已经在其有机主义和功能主义的两重性之中预示了浪漫情怀。

就功能本身而言，米利齐亚写道："……因功能组织具有很强的多样性，它们不可能总是根据固定的法则来调节，因此必须永远抵御泛化。在大多数时候，当最有名望的建筑师在考虑功能组织时，他们主要是为自己设计的建筑绘制图纸和编写设计说明，而不是创造人们可以学习的规则。"[28] 这段话清楚地表明，功能在这里被理解为一种关系而不是组织体系，从而否定了将功能视为组织结构的观点。不过，这种态度并没能阻止同时期的人们去探索那些使建筑原则得以传递的规则。

城市建成物的复杂性

现在，我想讨论一下刚才总结的各种理论背后的一些问题，并着重探讨对本研究至关重要的某些观点。第一个理论是法国学派的地理学家们提出的，我注意到，尽管这个理论提出了一个较好的描述体系，却缺乏对城市结构的分析。我特别提到了沙博的研究，他认为城市的整体构成了城市本身，其中所有元素一同构成了城市的灵魂。这种观点是怎样与沙博关于功能的研究相一致的呢？这个答案已经隐含在前面的讨论中，在索尔对沙博论著的评论中也有所论述。索尔为沙博写了这样一句话，"实质上，生命只能用生命本身来解释"。这意味着，如果用城市来解释城市本身的话，那么依据功能的分类就不是一种解释，而只是一种描述性的体系。这可以用下面的表述来阐释：对功能的描述很容易验证，就像对城市形态的研究那样，它是一种工具。此外，因为这种描述并未在生活方式与城市结构之中提取出任何连续性的元素，就像朴素功能主义者所希望的那样，所以这种描述方式的作用与其他任何一种分析方法相同。我们应当保留沙博的研究中将城市作为一个整体的概念，以及他通过研究城市的各种表现和活动来理解城市整体的方法。

在介绍特里卡尔的研究时，我曾试图说明以社会内容为出发点的城市研究的重要性。我认为这种对社会内容的研究能够以具体的方式阐述城市演变的意义。我特别强调了该研究中与城市地形、边界形成和城市土地价值这些城市基本元素相关的方面，后面将从经济理论的角度来研究这些方面。

关于拉韦丹的研究，我们可以提出一个问题：如果拉韦丹提出的结构是一个由街道和纪念物等组成的真实的结构，那么它与我们现在的研究有什么关系呢？正如拉韦丹所认为的，结构是城市建成物的结构，这样就类似于博埃特的观念，即平面布局具有持久性而且是个发生器。由于这个发生器本质上既实在又抽象，它不能像功能那样被归类。另外，由于每一种功能都能通过一种形式来表达，而形式反过来又包含了如同城市建成物一样存在的潜力，人们可以说形式倾向于使自身作为城市的元素来表达。因此，如果一种形式被充分地表达，人们可以假定某种特定的城市建成物将与之一起延续下去。恰恰是在一系列变化中经久不变的形式构成了卓越的城市建成物。

我已经批判了朴素功能主义的分类方法，重申一下，当这种方法出现在合适于它的建筑手册中时，它是可以被接受的。这种分类的前提是：所有的城市建成物被创造的目的都是用一成不变的方式服务于特定的功能，而且它们的结构恰恰与其在某一时刻所服务的功能相一致。与这种观点相反，我认为城市在其自身的变化中延续，它先后经历的简单或复杂的功能变化是其结构现实中的不同阶段。这里功能只是意味着许多事实秩序之间的复杂关系。我反对因果的线性解释，因为这些解释被现实本身证明是错误的。这种解释当然不同于对"使用"或"功能组织"的解释。

我还想强调一下，我对某种关于城市及其建成物的语言与解读持保留态度，因为它们构成了城市研究中很严重的障碍。在许多方面，这种语言一方面与朴素功能主义联系在一起，另一方面又与浪漫主义建筑的某种形式有关。我指的就是"有机的"和"理性的"这两个术语，它们被建筑语言所借用。虽然这两个术语在区别建筑风格或建筑类型方面具有不容置疑的历史效力，但它们并不能帮我们阐明概念或理解城市建成物。

"有机的"这一术语来源于生物学。我在其他地方已经指出，弗里德里希·拉采尔（Friedrich Ratzel）所说的功能主义是一种假设，这个假设把城市比作一个有机体，其形式由功能本身构成。[29] 这种生理学式的假设虽然很高明，但却不适用于城市建成物的结构和建筑设计（尽管这一假设在设计问题上的应用本身就是一个需要单独研究的课题）。在这种有机语言中，最重要的词语包括：有机体、有机生长和城市肌理。与之类似的是，在一些更为严肃的生态学研究中，已经提出了把城市比作人体器官和生物界过程的观点，尽管这些观点很快便被抛弃。事实上，这些术语的使用在建筑领域是非常普遍的，以至于一眼看上去它们像是与所研究的材料密切相关，而且只有在某种困难的情况下，人们才有可能避免使用像"建筑有机体"这类词语，而用建筑物这种更为合适的词语代替。肌理这个词也是如此。甚至有些学者把现代建筑定义为有机的。凭借强大的吸引力，这类术语很快地从严肃的研究[30]中传到职业界和新闻界。

所谓的各种理性主义术语同样是不准确的。一方面，对理性的城市化的谈论只是一种赘述，因为空间选择的理性化就是城市化的一个条件。然而，"理性主义"的解释无疑是有价值的，这些解释往往把城市化视为一门学科（正是因为它具有理性的特征），因而提供了一个显然非常有用的术语。如果说中世纪的城市是有机的，就完全忽视了中世纪城市的政治、宗教和经济结构，更不用说城市的空间结构了。从另一方面来说，"米利都城的规划是理性的"这种说法是正确的，尽管这个规划如此普遍以至于显得普通，并且将理性与简单的几何规划混淆，未能表现出米利都城布局的真实理念。

前面所引述的米利齐亚有关功能组织和蜂窝形式的论述，恰恰是上述两个方面的特征。[31]因此，尽管上述术语无疑拥有某种诗一般的表现力，并因此引起我们的兴趣，但它却与城市建成物理论无关。这着实令人困惑，最好将它彻底抛弃。

正如我们说过的，城市建成物是复杂的，这意味着它的每一个组成部分都有不同的价值。因此，在谈论建筑类型的本质时，我们曾说它在原型中起着自己的作用，换句话说，这种类型的本质是一个组成元素。在城市建成物及其结构的理论基础上，我们将尝试从类型学的角度对城市进行解读，然而在此之前，我们有必要逐步给出一些准确的定义。

究竟城市建成物有多复杂？沙博和博埃特的理论已经给出了一部分答案。一方面可以承认的是，他们有关城市灵魂和经久性概念的论述超越了朴素功能主义，接近于对城市建成物品质的理解。另一方面，这个主要出现在历史研究中的品质问题实际上很少有人真正重视，尽管人们已经进一步认识到城市建成物的本质在很多方面与艺术品类似，最重要的是，集合特性是理解城市建成物的一个关键要素。

基于这些考虑，我们可以勾勒出一种解读城市结构的方法。但是我们必须首先提出具有普遍性的两类问题。第一，从哪些方面才能解读城市？有多少种方法可以了解城市结构？是否可以说这种认识是跨学科的，这又意味着什么？某些学科是否优先于另一些学科？显然，这些问题是密切相关的。第二，产生自主的城市科学的可能性是什么？

在这两类问题中，第二类显然是具有决定意义的。实际上，如果存在一种城市科学，第一类问题最终就几乎毫无意义了；今天通常定义的跨学科仅仅是一个专业化的问题，而且会出现在任何知识领域。但是对第二类问题的解答取决于这样一种认识：城市由整体所构成，所有的组成部分共同参与构成了城市这个人造物。也就是说，从普遍的层面来看，城市代表了人类理性的进步，是人类卓越的创造。只有在强调城市和每个城市建成物都具有集合性的本质这一基本点时，这个说法才有意义。我经常被问到，为什么只有史学家才能给我们描绘出城市的完整画面？我认为这是因为史学家是从整体上来考虑城市建成物的。

纪念物和经久性理论

显然，把城市科学看成一种历史科学是错误的，因为在这种情况下，我们只能谈论城市的历史。然而我想说的是，从城市结构的角度出发，城市历史似乎比其他任何形式的城市研究更有用。后面我将较为深入地介绍历史学对城市科学的贡献，但是由于这个问题特别重要，最好先进行一些具体的观察。

这些具体的观察涉及博埃特和拉韦丹提出的经久性理论。这个理论在某些方面与我最初提出的城市是人造物的假设有关。我们应当记住，从知识理论的角度来看，历史与未来的区别在很大程度上反映了这样的事实：过去的一部分现在仍然被经历着。而这也许就是提出经久性的意义：经久性是我们仍然在经历着的一种过去。

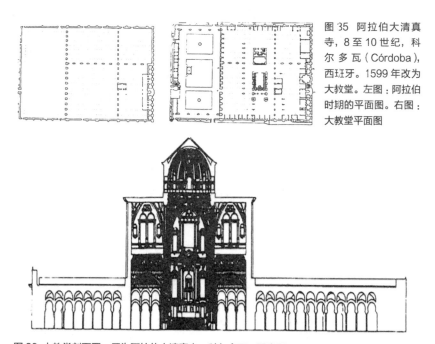

图 35 阿拉伯大清真寺，8 至 10 世纪，科尔多瓦（Córdoba），西班牙。1599 年改为大教堂。左图：阿拉伯时期的平面图。右图：大教堂平面图

图 36 大教堂剖面图，原为阿拉伯大清真寺，科尔多瓦，西班牙

图 37　大教堂鸟瞰图，原为阿拉伯大清真寺，科尔多瓦，西班牙

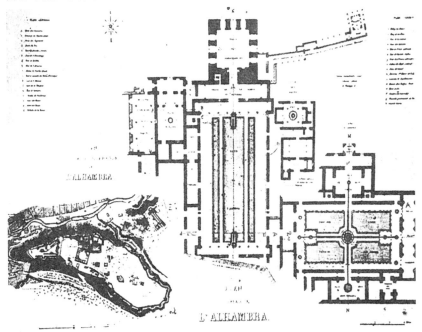

图 38　阿尔罕布拉宫平面图，格拉纳达，西班牙

　　博埃特的理论在这一点上不是很明确，然而我会尽力对其进行一个简要的归纳。虽然他从经济学角度提出了许多与城市演变相关的假设，但这实际上是一种以"经久性"现象为中心的历史理论。经久性通过纪念物这种过去的物质标记来展现，也通过城市基本布局的延续来展现。这最后一点是博埃特最重要的发现。城市倾向于保持其自身的发展轴线，维持其原有布局的位置，并根据城市中古老的建成物的方位和意义发展，这些古老的建成物往往远离现代的建成物。有时这些建成物几乎保持不变，并有着持续的活力；其他时候，它们耗尽了自身，只留下经久的形式、物质标记和地点。最有意义的经久性是由街道和平面布局展现的。平面布局在不同层面上延续，虽然它在属性上产生差异化，且经常产生变形，但在本质上没有被取代。这是博埃特理论中最合理的部分。即使它不能完全被称为一种历史理论，但它实际上是从对历史的研究中诞生的。

　　初看起来，经久性似乎囊括了城市建成物所有的连续性，但实际上并非如此。因为并不是城市中的所有东西都会存留下来，或者即使能够存留下来，它们存在的方式是如此多种多样以至于无法相互比较。从这个意义上说，根据经久性理论，为了解释某一城市建成物，人们就不得不超越其本身，把目光投向当今改变它的那些行为。实际上，历史学的方法是一种孤立的方法。它不仅有助于区分经久之物，而且完全专注于它们，因为经久物本身可以通过表明过去与现在的不同来展示曾经的城市面貌。因此，经久之物作为孤立和异常的建成物出现在城市之中，使之具有过去形式的特征，这种过去的形式我们如今仍在体验。

　　这样来看，经久性有两方面的表现：一方面，它们可以被看作推动性元素；另一方面，它们也可能是病态的元素。建成物要么可以使我们理解城市的整体，要么它们就像一系列孤立的元素，与城市体系联系微弱。为了说明不可或缺的经久性元素与病态的经久性元素之间的区别，我们可以再次以帕多瓦的理性宫为例。我评论过它的经久特征，但是现在我所说的经久性不仅表示人们仍然可以从此纪念物上体验过去的形式，而且过去的物质形式承担过不同的功能，并继续发挥作用，调节着它所在的城市区域，并继续作为一个重要的城市中心。尽管所有人都认为这个建筑是一件艺术品，但是部分建筑仍然在使用中，它的底层仍然适合作为零售市场。这证明了它的活力。

格拉纳达的阿尔罕布拉宫（Alhambra in Granada）可被视为病态的经久性元素的例子。这里已不再住着摩尔人（Moorish）或卡斯蒂利亚人（Castilian）的国王，如果用功能主义的分类方法，我们不得不说这个建筑曾经体现了格拉纳达的主要功能。显然，在格拉纳达，我们体验过去的形式的方式与帕多瓦的理性宫截然不同。在理性宫的例子里，过去的形式虽然承担了不同的功能，却一直与城市密切相关；它的功能已经改变，并且我们可以想象其未来的改变。而在阿尔罕布拉宫，过去的形式孤立于城市之中，什么都不能添加。事实上，阿尔罕布拉宫所构成的经历是如此重要，以至于不能被改变（在这个意义上，格拉纳达的查尔斯五世宫殿是个例外，正是因为它缺乏这种品质，才会被轻易摧毁）。但在这两种情形中，城市建成物都是城市中必不可少的一部分，因为它们构成了城市。

在选择这两个实例时，我已经将一个经久的城市建成物定义为类似纪念物的东西。事实上，我可以用同样的观点谈论威尼斯的总督府、尼姆的剧场，或科尔多瓦的清真寺。实际上我倾向于认为，城市建成物的经久性通常使其被认定为纪念物，而纪念物从象征性和物质性两个方面在城市之中得以延续。一个纪念物的延续性或经久性来自于它构成城市的能力、它的历史和艺术、它的现状和记忆。

我们刚刚对具有历史依据的或具有推动作用的经久性与病态的经久性进行了区分。前者作为一种过去的形式，我们仍在体验着；后者则是孤立和异常的。在很大程度上，由于特定的文脉，病态的形式是可以辨认的，因为文脉本身要么是一种功能的历史延续，要么孤立于城市结构之外，也就是在技术和社会发展之外。文脉通常被认为主要与城市的居住部分有关，在这个意义上，文脉保护与城市的真实动态相对立；所谓的文脉保护与城市的关系就像经过防腐处理的圣人尸体与他的历史人格形象之间的关系。在文脉保护中，有一种城市自然主义在起作用，这种城市自然主义确实能够引发人们的联想，例如参观死亡的城市总是一段令人难忘的经历，但在这种情况下，我们全然超越过去的时间，却仍置身于过去的境域之中。我自然主要是指那些不间断发展的有活力的城市。死亡的城市的问题只是略微涉及城市科学，它们是属于史学家和考古学家的事情，至多是寻求把城市建成物抽象为考古对象。

到目前为止，我们仅仅谈论了纪念物，因为它们是城市结构中的固定元素，具有真正的美学意向，但这可能是一种简化。在视城市为人造物和艺术品的假设中，一幢住宅或任何其他纪念物都被赋予了同样的表现的合理性。但也许这让我们离题太远，我现在主要想确定的是，城市的动态过程更多地趋于演变而不是保护。在演变中，纪念物不仅被保存下来，而且一直作为推动城市发展的元素。这是一个可以验证的事实。

另外，我已经试图证明，单靠功能本身不足以解释城市建成物的连续性。如果说城市建成物最初的类型只是单纯的功能，那么就难以解释遗存的现象。功能总是应当在时间和社会中来定义：紧密依赖于功能的建成物，总是与功能的发展密切相关。仅由单一功能所决定的城市建成物只能被视为是对那个功能的解释。在现实中，我们经常欣赏那些因时间流逝而失去功能的元素，这些建成物的价值往往完全在于其形式，这是城市总体形式不可分割的一部分，可以这么说，它是城市中的一种不变量。通常这些建筑物也与构成元素和城市起源密切相关，并且被列于城市纪念物之中。因此，我们看到了时间参数在城市建成物研究中的重要性；把经久的城市建成物看成与某一单独历史时期相联系的东西，这是城市科学中的最大谬误之一。

城市的形式总是其在某一特定时期的形式，但是在城市的形成过程中有很多的时期，即使在人的一生中一个城市的面貌也可能改变，其最初的形象不复存在。正如波德莱尔所写的："古老的巴黎已经不存在了；哎呀，城市的形式比凡人的心变得还快。"[32] 我们看到，童年时期的房屋古老得令人难以置信，城市在变化的同时常常抹去了我们的记忆。

在本章中我们所提出的各种各样的问题，使我们当前有可能尝试一种特殊的城市解读方式。城市将被视为包含不同部分或组成元素的建筑，这些主要是指居住部分和主要元素。这就是我在下面要展开的对城市的解读，我将从研究区域的概念开始。由于住宅覆盖了城市的大部分土地，并且少有经久性的特征，因此应该将它们的演变和它们所在的区域一起进行研究，由此我将会谈到"居住区"。

我还要考虑主要元素在城市的形成和构成中所起的决定性作用。这种作用往往是通过诸如纪念物的经久性特征而表现出来的，我们将会看到纪念物与主要元素有着非常特殊的关系。我们将进一步研究主要元素在城市建成物结构中的有效作用，以及城市建成物被视为艺术品的原因，或者城市结构如何类似于艺术品。前面的分析应该能够使我们掌握城市的整体构成及其建筑的成因。

所有这些都不是新东西。然而，在试图创建一个符合现实的城市建成物理论的时候，我从多种多样的资料中受益。通过这些资料，我认为我所讨论的一些主体——功能、经久性、分类法和类型学——具有特别重要的意义。

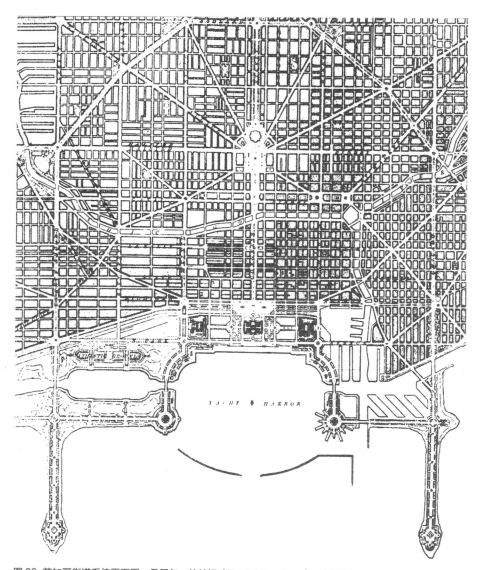

图 39 芝加哥街道系统平面图，丹尼尔·伯纳姆（Daniel Burnham），1909 年

第二章
主要元素和区域概念

研究区域

在我们把城市当作一个人造物即一个整体建筑的假设中，我们提出了三个不同的命题。第一个命题，城市的发展具有时间性，即城市的发展有先有后。这表明我们可以在时间坐标上，把那些本质不同的具有可比性的现象联系起来。经久性的理念就来源于这个命题。第二个命题涉及城市空间的连续性。接受这种连续性，就意味着我们在某个地区或某个城市区域中见到的所有元素都是连续的具有相同本质的建成物。这是一个非常有争议的假设，我们必须不断地回到这个假设及其含义上来（例如，这种假设会否认从历史城市到工业革命城市有一个质的飞跃，也会否认开放城市和封闭城市是不同种类的建成物）。第三个命题，我们已经认识到，在城市结构中有一些特殊性质的主要元素，它们有能力减缓或加速城市发展进程。

现在，我想具体谈论一下城市建成物出现的地点，即它们能被看到的区域，也就是它们占据的土地。这个区域在某种程度上是由自然因素决定的，但它也是一个公共的实体，是城市建筑的一个重要部分。我们可以把这个区域看成一个整体，看成城市形式在水平面上的投影，或者我们也可以观察其单独的部分。地理学家将此称为场地——城市崛起的区域或城市实际占据的地面。从地理学的角度来看，在描述城市时场地是必不可少的，而且结合了地点和位置的场地，是对不同城市进行分类的一个重要元素。

这为我们引出了研究区域的概念。既然我们假设城市元素和城市建成物之间存在联系，而这种联系的特殊性与具体的城市有关，那么有必要详细说明当下的城市环境的性质。这样一个最小的城市环境构成了研究区域，这里的研究区域指的是城市地区的一部分，可以通过与整个城市地区中其他较大元素的比较来定义或描述，其中较大元素包括道路系统等。

研究区域是有关城市空间的一个抽象概念，因此，它能清晰地定义具体的元素。例如，为了说明某块土地的特征及其对某种住宅类型的影响，我们应当考察相邻的地块和那些限定了特定环境的元素，看一下它们的形式是否完全反常，或是源于城市中更为普遍的状况。另外研究区域也可以通过与特定城市建成物相重合的历史元素来定义。仅仅考虑这种区域本身，意味着要认识到，在更广泛的城市整体中，各个部分都有特定的、迥然不同的品质。城市建成物的这种特质是非常重要的，对城市建成物的特殊性的认识能使我们更好地理解它们的结构。

研究区域的其他几个方面也应该提一下。例如，研究区域中的空间概念和"自然区域"中的社会学概念之间存在一种关系，而这种关系将我们引向了居住区的概念。研究区域的另一个方面，是它作为城市的一个选区或垂直部分的特征。在所有这些情况下，有必要对我们所讨论的城市的整体范围进行界定，这是避免某些研究中经常出现的严重曲解的最好办法，那些曲解认为城市的发展和城市建成物的演变是连续的自然过程，它们之间没有实际的差异。城市建成物结构的真实性在于城市在时空上的不同。城市建成物的每一个变化都以质和量的变化为前提。

我们将试图说明，建筑类型学和城市形态学这两者之间，存在着一种互为启发的关系，并且对这种关系的研究对于理解城市建成物的结构是非常有用的。尽管这种结构并不是这种关系的一部分，但它在很大程度上可以通过这种关系中的知识来阐释。

我认为研究区域具有优先重要性，这意味着我坚信以下两点：

1. 关于当今的城市干预，人们应该在城市中一个限定的部分内进行研究，尽管这并不能排除某种城市发展的抽象概念规划和出现完全不同的观点的可能性。从知识和程序的角度来看，这种自我限定是更实际的方法。

2. 城市本质上不是一个可以被归结为某一单独的基本概念的创造物。无论是现代都市还是下述的城市概念都是如此：城市是由许多社会与形式特征不同的部分、住区和街区而组成的整体。实际上，这种分化是城市的典型特征之一。把这些不同的方面归结为一种解释、一种形式法则是错误的。城市的整体和美丽是由许多不同的形成时期组成的，这些时期的整合就是一个整体的城市联合体。城市的主导形式和空间特征为解读城市的连续性提供了可能。[1]

因此，研究区域作为城市的组成部分，其形式对于分析城市本身的形式是有用的。这类分析既不涉及该区域的社区理念，也不涉及与邻里相关的社区概念的任何含义；这些问题的本质很大程度上属于社会学范畴。在当前的情况下，研究区域总是涉及两个统一的概念：一个是在各种不同的发展与变化过程中出现的城市整体的统一，另一个是拥有自身特征的城市单个区域或部分的统一。城市被视为一个"杰作"，它在形式和空间上得到证实，但人们却是在时间中即不同的时刻（这些时刻难以准确预测）来理解它。这些部分的统一在根本上是由历史和城市本身的记忆完成的。

这些区域和组成部分基本上是通过它们坐落的地点、在地面上的印记、地形条件以及物质形体来界定的。这样，它们就可以在城市整体内区分开来。因此，我们获得了这个问题的更为普遍的和观念上的进展：研究区域可以被定义为一个包含一系列空间和社会因素的概念，这些因素会对一个充分限定的文化和地理区域中的居民产生决定性的影响。

从城市形态学的角度来看，这个定义更简单。这里研究区域将包括所有那些具有物质形式和社会同质性的城市地区（即使定义事物的同质性并非易事，尤其从形式的角度来看，但仍然可以定义类型学上的同质性，即：在

类似的建筑物中实现一致的生活方式和类型的所有区域，如居住区、住宅
小区等的同质性）。对这些特征的研究最终会具体到社会形态学或社会地
理学（从这个意义上说，同质性也可以从社会学角度来界定），从而分析
社会群体的活动以及关于这些活动如何持续地表现在固定的地域特征中。

　　因此，研究区域是城市研究中的一个特殊环节，从而引出真正的城市
生态学，这正是进行城市研究的必要前提。这种关系中的两个显著的特征
是体量和密度，它们通过所占有的空间在平面和剖面上的均质性表现出来。
研究区域与城市中某一部分的特定体量和密度有关，并且也成了城市自身
生活中一个动态变化的环节。

居住区是研究区域

　　刚刚提出的区域概念与居住区的概念密切相关。在谈到特里卡尔的理
论时，我已经介绍了这个概念。但在这一点上，我认为应当回到城市组成
部分的概念上来，把城市视为一个由各具特征的部分组成的空间体系。弗
里茨·舒马赫（Fritz Schumacher）也发展了这类理论，并且其理论相
当有价值。正如我们所指出的那样，对城市居住区的研究只是研究区域概
念的延伸。*

　　因而居住区是一个环节，是城市形式的一部分。它与城市的演变和
本质紧密相关，并且由各个部分组成，这些部分反过来概括了城市的形象。
我们确实体验了这些部分。就社会学而言，居住区是一个具有一定城市

---

*意大利语中的"quartiere"相当于法语中的"quartier"，在这里及全书中翻译为"区域"（district），
但这并不能完全表达出原来的意思。这个词想要表达的意思或多或少地保留在了类似"工人阶
级区"这种表述中。它指的是在城市中演变而成的居住地区，而不是将居住功能强加于区域（例
如分区制）。——英文版编者注

景观、一定社会内涵和自身功能的形态与结构单元，因而这个单元中任意一个元素的变化都足以对其进行限定。我们也应该记住，以社会或经济阶级为划分并且以经济功能为基础，把居住区当作社会建成物来进行的分析，在本质上对应了现代都市的形成过程，这个过程对于古罗马和今天的大城市来说是一样的。此外，我认为这些相对自主的居住区并不那么彼此从属，它们之间的关系并不能解释为简单的相互依赖，而是似乎回应了整个城市的结构。

　　大城市的一部分构成了一个更小的城市这个说法，是在挑战功能主义理论的另一个方面，这个方面就是分区制。我这里所说的分区制并不是某种技术实践，这种技术实践在某种程度上是可以接受的并且有另一种含义。这里指的是由罗伯特·帕克（Robert Park）和埃内斯特·伯吉斯（Ernest Burgess）于 1923 年首次科学地提出的关于芝加哥的分区制理论。在伯吉斯对芝加哥的研究中[2]，分区制被定义为围绕中心商业区或政府核心区同心布置居住区的城市布局意向。伯吉斯在描述该城市时，指出了一系列对应着明确功能的同心区域：汇集了商业、社会生活、行政及交通的商业和政府区；围绕着中心的过渡区，由贫穷的居民区构成，呈现出一种衰退的光景，这里生活着黑人和新的移民，有小型的办公机构；为工厂附近生活的工人们提供的工人居住区；富人居住区，包括独户住宅和多层住宅；最后是外部区域，在这里每日通勤的人流汇聚于城市道路的交叉口。

　　这个理论即使应用于芝加哥也似乎过于简化。在对这个理论的评论中，荷马·霍伊特（Homer Hoyt）的评论[3]获得了一定的认可。他也试图用这一过于简化的方法，依据某些交通或运输轴线来建立一个发展原则，以这种方式在同心的扇形区域添加从城市中心向外发出的放射线。这一理论与舒马赫的理论有关，特别是他为汉堡的规划所做的方案。

　　应当注意的是，虽然分区制一词以理论的形式出现在伯吉斯的理论中，但它于 1870 年首先出现在莱因哈德·鲍迈斯特（Reinhard Baumeister）的研究中 [4]，并且被应用于 1925 年的柏林规划中。但是在柏林的规划中，分区制以完全不同的方式被使用：它划分了城市的生活区域（居住区、公园区、商业区、工业区和混合区），但这些区域的布局不是中心放射式的。虽然商业中心与历史中心相重合，但工业区、居住区和空旷地区的交替布局却与伯吉斯的描述相矛盾。[5]

我不想辩驳伯吉斯的理论，事实上很多人已经这么做了。我在此提到它只是想强调一下那种把城市各个部分仅仅看作功能的化身的观点有根本性的缺陷，它对整个城市的描述是如此狭隘，就好像除了功能之外没有其他可以考虑的因素存在。这个理论的局限性在于，它把城市构想为一系列可以用简单方式进行比较的环节，并且这些环节可以根据功能区分的简单规则来确定。这种理论抹杀了城市建成物结构中隐含的最重要的价值。与这种方法相反，我们提出了一种可能性，整体地考虑城市建成物，完整地分析城市的某个部分，判定能在其中确立的所有关系。

在这种情况下，鲍迈斯特的理论和其他任何理论一样有用，因为毫无疑问，专门的区域确实存在。我们可以说这些区域是具有特色的：它们有特定的面貌，且是自主的部分。它们在城市中的分布并不取决于或者说至少不仅仅取决于城市所需要的各种相互依存的功能，而是主要依赖于城市的整个历史过程。在这个过程中，这些区域根据它们的特殊构造，恰当地成为了它们应该成为的那样。因此，在对维也纳的研究中，雨果·哈辛格尔（Hugo Hassinger）在 1910 年描述了这座由老城区构成的城市，老城区被环形区域围绕，环形区域依次又被外围区域环绕，在环形区域和外围区域之间是密度最大的城市郊区地带。除了这些区域，他还划分出城市的核心，并且提到了大都市区，这个区域一半由城市市区、一半由后来被美国学者定义为城市边缘区的乡村组成。尽管哈辛格尔强加给城市刻板的规划和棋盘式的地块划分，但他却掌握了一个今天依然有效的基本特征，而且是维也纳城形式的一个重要组成部分。这里已经不仅仅是城市功能的划分问题，而是通过部分、形式和特征来进行定义，这些特征是功能与价值的综合。[6]

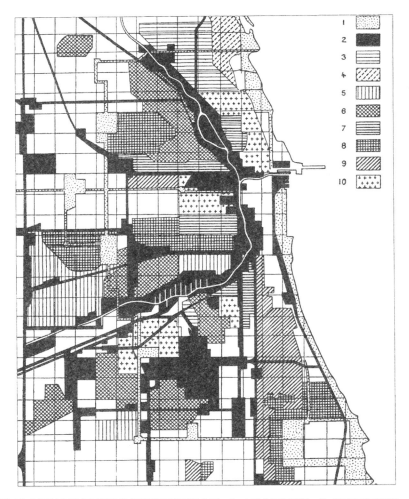

图40　以用地和种族区域为依据的芝加哥规划分区。1.主要公园和干线；2.工业和铁路用地；3.德裔居民区；4.瑞典裔居民区；5.捷克斯洛伐克裔居民区；6.波兰和立陶宛裔居民区；7.意大利裔居民区；8.犹太裔居民区；9.非洲裔居民区；10.混合居民区

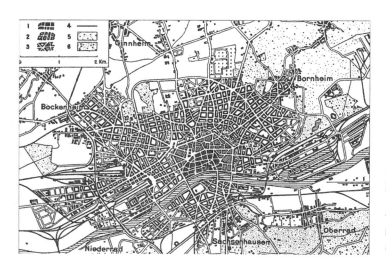

图41 美因河畔法兰
克福平面图，德国。
1.古老的中心；2.15
世纪的城市；3.现代
的城区；4.铁路线；
5.公园；6.林地

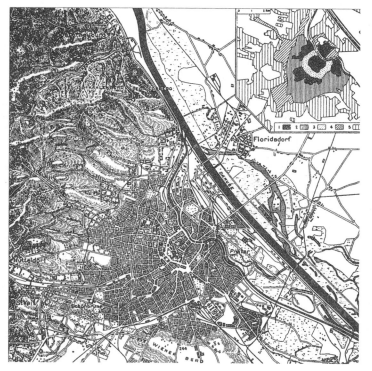

图42 维也纳平面图。
右上角的图示表明了
城市发展的不同阶段。
1.1683年的维也纳；
2.18世纪和19世纪
初期的老城区，位于
1703年修建的城墙内；
3.环形区域；4.1860
年的城区；5.19世纪
末和20世纪初期发
展起来的城区

一般来说，每个城市都有一个中心。这个中心或多或少是复杂的，并且具有不同的特征，在城市生活中起着特殊的作用。第三产业一部分集中在这个中心，且大多沿着对外交通的轴线布置，而另一部分在大型复合式居住建筑群内。从区域关系的普遍观点来看，复杂且多核心的第三产业网络正是城市的特征。但是，城市的中心和其他的副中心只能通过主要的城市建成物来研究。只有了解了它们的结构和位置，我们才能知道它们的特殊作用。

正如我们已经说过的，城市因其各种不同的部分而相互区分，从形式和历史的角度来看，这些部分组成了复杂的城市建成物。与强调结构而非功能的城市建成物的理论相一致，我们可以说城市的单个部分的特征具有区分性，它们是具有明确特征的部分。由于居住区域（residential district）占据主导地位，并且它们随着时间的推移经历了明显的环境变化，这些环境变化赋予其场地的特征远超过赋予其中建筑物的特征，所以我建议使用居住地区（residential or dwelling area）（地区：area，这一术语仍然来自于社会学的文献）这个词。

人们普遍认为，古代城市中的居住区、市中心、纪念物和城市生活都能明确地区分开，这在城市历史和建筑的物质现实本身中都可以得到验证。这些特征在现代城市，尤其是欧洲的大城市中也同样明显：无论是在巴黎，把城市纳入一个宏大的整体设计之中；还是在伦敦，呈现出来的城市形式主要是由不同的地区和环境塑造而成。

这后一种现象在美国的城市中也是非常显著的，它的许多组成部分常常戏剧性地发展成为一个主要的城市问题。这里甚至不用涉及问题的社会层面，我们就在美国城市的形成和演变中证实了"城市是由部分组成"。

凯文·林奇写道："许多被采访的人都小心地指出，虽然波士顿的道路模式甚至会令有经验的居民产生困惑，但是其差异化区域的多样性与生动性足以弥补这一不足。正如一个人所说的：'波士顿的每一部分都不相同。你可以清楚地知道自己所在的区域……'纽约也被提到……因为在它那由河流和街道组成的有序的构架中，有许多特征明确的地区。"[7]林奇一直关注居住区，他认为"参照性区域"尽管"没有感知内容，但作为组织概念却很有用……"，并且他区分了那些"关注自身而不在意周围地区"的内向地区与那些独立于自己所处区域的孤立地区。[8]林奇在这方面的研究支持了城市是由不同部分组成的观点。

　　除了了解林奇的心理学分析，我们还应该对语言学进行研究，以揭示城市结构的最深层次。维也纳人所说的"家园小区"（Heimatbezirk）一词，将居住区与人们的家园和生活空间相联系。威利·黑尔帕赫（Willy Hellpach）曾确切地谈到大都市是现代人的"家园"。家园小区一词尤其表达了维也纳的形态和历史结构，维也纳既是一个国际性的城市，同时又是哈布斯堡王朝的大一统计划唯一真正实践的城市。再举一个例子，在米兰，只有通过对形态和历史的深入研究，人们才能理解将西班牙墙外的地区划分为"borghi"：在这里，一种经久性现象在语言中保持了如此大的活力，以至于圣哥达多这个地区仍被米兰人称为"el burg"。

　　和心理学研究一样，语言学的研究能够产生关于城市形成的有用信息。例如，地名学经常为城市发展的研究做出重要贡献。显然，所有的城市都有许多土地发生重大物质变化的例子，这些变化在古老的街道名称中被记录下来。在米兰，街道名称诸如"Bottonuto""Poslaghetto""Pantano""San Giovanni in Conca"会立刻令人联想到沼泽和古代水利工程的区域。在巴黎的玛黑区（Marais quarter）也有类似的现象。这样的研究证实了我们现在已经知道的城市是由各具特征的部分组成的观点。

单体住宅

把住宅自身作为一种类型，并不意味着采用城市土地利用分区的功能性指标，而是简单地把一个城市建成物（就其自身而言）看待为城市构成中的主要元素。为此，使用前面所说的居住区域一词可以将单体住宅的研究带入城市建成物的普遍理论中。

单体住宅往往在很大程度上成为城市的特征。可以说，没有居住功能的城市是不存在的，或者说是没有存在过的。而在那些居住功能最初从属于其他城市建成物（城堡、军营）的地方，城市结构的变化很快赋予了单体住宅重要性。

通过历史分析和对实际情况的描述，人们可以了解到，住宅并非是无固定形状的，也不是容易迅速改变的东西。居住建筑的形式以及它们典型的特征与城市形式密切相关，住宅在物质上代表了人们的生活方式，也是某种文化的准确表现形式，它的变化非常缓慢。在《11 至 16 世纪法国建筑词典》(*Dictionnaire raisonné de l'architecture française du XIe au XVIe siècle*) 对于法国建筑的重要概述部分中，维奥莱－勒－杜这样写道："在建筑艺术中，住宅无疑最能体现一个民族的习俗、品味和习惯；住宅的秩序就像其组织一样，只有经过很长的时间才会变化。"[9]

在古罗马城中，单体住宅被严格地分为富人的私人住宅和平民公寓这两种类型，这两种类型的住宅是奥古斯都时期的罗马城市及 14 个地区的特征。罗马公寓自身的差异和演变实际上是这个城市的缩影。其中的社会融合比通常所认为的要多；就如同 1850 年以后在巴黎建造的住宅，高度的变化意味着社会的分层。罗马公寓的建造是极为简陋且临时性的，并且不断地自我更新，它们构成了城市的基础，成为塑造城市形式的材料。就像在任何其他形式的大型住宅中一样，人们在罗马的公寓里可以感受到城市发展最重要的力量之一：风险投资。应用于住区环境中的土地风险投资，是这个帝国都城最具特色的发展动因。如果不承认这个事实，我们就无法理解公共建筑系统、它们位置的变换以及城市发展的逻辑。类似的情况也出现在古希腊城市中，尽管那里没有这样大的建筑密度。

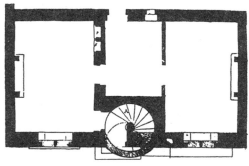

图43　13世纪时期住宅复原图，勃艮第（Burgundy），法国，维奥莱－勒－杜绘制。上图：正立面图。下图：底层平面图

维也纳城市的形式也是源于住宅问题。居住区法[10]的实施大大增加了城市中心的密度，尤其影响了多层住宅这种建筑类型，并且对刺激郊区发展起到了决定性的作用。在第一次世界大战后几年里出现的工人居住区的概念中，我们可以看到其做出的努力：使住宅恢复为城市形式的决定性影响因素，并成为一种典型的城市建成物。维也纳的城市规划首先是要实现典型复合式建筑群的建设，这些建筑群与城市的形式紧密关联。在这一点上，彼得·贝伦斯（Peter Behrens）写道："根据从图纸上得到的原则来批评他们的建设是错误的，因为在特定的地区，人们的需求、习惯以及所面临的情况的多样性都各不相同且易于改变。"[11]因此，住宅和其所在地区的关系是最重要的。

在美国，如果不了解低密度的独户住宅这一趋势，就无法解释城市中的广阔地区。让·戈特曼（Jean Gottman）对"特大城市"的研究很好地阐明了这一点。[12]

单体住宅的位置取决于地理、形态、历史以及经济等很多因素。地理因素似乎又是由经济因素决定的。居住区以及其专有类型结构的更迭，似乎很大程度上取决于经济模式，而风险投资机制则促进了这种更迭。这种情况也出现在大多数当代城市中，甚至在社会主义城市中更加明显，由于存在难以确定的困难，目前似乎还无法为这种以经济为基础的城市发展过程提供其他的替代选择。显然，即使在没有风险投资机制的地方，人们也总是在选择居住地时表现出某种偏爱，这种情况是难以解释的。这些问题会在城市的动态变化过程中所选择的总体构架内逐渐消失。

我们应认识到，复合式居住建筑群的成功也与公共服务和公用设施有关，这是符合逻辑且很重要的。它们使得居住区域分散布置。当然，由于几乎没有公共交通和私人交通工具，古代城市和帝国罗马城无疑采用了集中的居住方式。但是也有一些例外，例如古希腊城市和一些北部城市的形态。

我们却很难证明这种关系是决定性的因素。这就是说，城市的形式还不能由某种特定的公共交通系统来决定；一般来说，我们也不会期望这种系统会产生某种城市形式或遵循某种城市形式。换言之，除了技术效率外，我不认为任何大城市的地铁系统能成为引起争论的话题，但居住区并不是这样，它们的结构作为城市建成物是人们持续争论的话题。因此，住房问题有一个特定的方面，这个方面与城市问题、城市的生活方式、城市的物质形式以及形象（城市的结构）密切相关。这一特定元素与任何一种技术服务无关，因为后者不能构成城市建成物。

其结果是，对单体住宅的研究是城市研究的最佳方法之一，反之亦然。诸如地中海城市塔兰托（Taranto）和北部城市苏黎世（Zurich），也许只有其住宅之间的差别，才能阐明城市间的结构性差别，我尤指形态和结构方面。至于阿尔卑斯山的村庄和所有那些人造居所自身占主导地位的聚落，如果不是特殊的情况，也可以获得这类结论。这些例子证实了维奥莱–勒–杜的主张：除非经历了很长的时间，住宅的秩序和组织不会轻易改变。

当然，人们应当记住，住宅的类型问题包括许多元素，它们并不只是考虑空间方面。但是，我并不想在这一点上对它们进行讨论，我们只需要认识到它们的存在。因此，通过将前面的讨论与那些认为住宅是城市生活重要部分的社会学和政治学的立场联系起来，我们显然可以获得许多有趣的信息。例如，通过研究这类信息与建筑师的具体解决方案之间的关系，我们可以获取很多有用的数据。

下面我将以柏林为例，来探讨一下住宅与建筑师之间的关系，因为柏林不仅和其他许多城市一样，有大量关于住宅的文献资料，而且还有许多关于现代城区的资料。由于住宅无论在理论还是实践层面都是德国现代建筑最重要的问题之一，所以它有助于我们了解理论构想和最终实践之间的确切关系。在两次世界大战之间，德国出现了许多在这方面研究中做出卓越贡献的学者，其中包括沃纳·黑格曼（Werner Hegemann）、瓦尔特·格

罗皮乌斯（Walter Gropius）、亚历山大·克莱因（Alexander Klein）和
亨利·凡·德·维尔德（Henry van de Velde）。

柏林住宅的类型问题

　　像其他的许多城市问题一样，住宅关乎到城市，无论是好的还是坏
的方面，而我们总归可以描述城市，因此在一个特定的城市环境中研究
住宅问题是很有益的。不过，在谈到具体城市中的住宅时，需要尽量避
免一概而论。显然，所有城市在这个问题上都有一些共同之处，通过探
寻某一建成物和其他建成物有多少相同点，我们将会更接近于阐述一种
普遍的理论。

图44　莱茵河畔阿彭策尔（Appenzell-am-Rhein）的乡村社区，瑞士，1814年。J·雅各布·莫
克·冯·黑里绍（J. Jakob Mock von Herisau）绘制

柏林住宅的类型问题非常有趣，特别是与其他的城市相比。我将力图指出那些使我们能够在柏林认识到这类问题的某种一致性或连续性的模式，最终展示过去和现在少数几个典型居住模式的容纳能力，从而揭示一系列涉及城市条件和城市发展理论的住宅问题。通过对柏林城市平面布局的研究，我们可以明显地认识到柏林住宅的特殊意义。[13] 1936 年，地理学家路易斯·赫伯特（Louis Herbert）将柏林的建筑物结构区分为四种主要类型，与距离历史上的城市中心不等的四种区域相对应：

1. 有统一和连续结构的区域，例如至少有四层高的"大城市"类型建筑物。

2. 城市结构多样化的区域，可以分为两类：一类位于城市中心，新建筑物与古老且低矮的三层以下建筑物相混杂；另一类沿着城市中心边缘，连续分布着高层和低层住宅、开敞空间、田地和成块的土地。

3. 大片工业区域。

4. 城市外缘的居住地区，主要由 1918 年以后建成的别墅和独户住宅组成。

在第四种区域和周边地带之间，工业区、居住区和转变中的村庄不断地融合在一起。这些外部区域彼此相差很大，有黑尼格斯多夫（Henningsdorf）和潘科（Pankow）这样的工人居住区和工业区，也有格吕内瓦尔德（Grünewald）这样的上流社会区域。在柏林已经存在的城市结构的基础上，莱因哈德·鲍迈斯特于 1870 年提出了分区制的概念，这一概念后来被收录在普鲁士建筑法典中。

因此，在大柏林地区，复合式居住建筑群的形态差别很大，这些相互间没有直接联系的不同复合式建筑群有各自明确的建筑特征：多层住宅、风险投资性住宅和独户住宅。这种类型上的多样性代表了一种非常现代的城市结构，其后来也出现在其他欧洲城市中，尽管从未像在柏林那样表达得如此明确。从城市结构和类型结构两方面考虑，这种类型的多样性是德国大都市的主要特征之一。居住区（Siedlungen）只能被认为是这些条件的产物。

复合式居住建筑群的结构可根据以下基本类型进行分类：

1. 居住街区。

2. 半独立式住宅。

3. 独户住宅。

由于历史文化和地理原因，这些不同类型的复合式居住建筑群出现在柏林的频率要大于其他任何欧洲城市。哥特式建筑在其他德国城市中存留了很长时间，它们构成了这些城市的主要形象，直到在第二次世界大战中才被毁坏。在柏林，哥特式建筑在19世纪末以前就几乎完全消失了。

源于1851年治安条例的街区结构，构成了城市土地开发最完整的形式之一，这些形式通常被设计成围绕着一系列面向街区内侧的院落。这种类型的建筑物也是汉堡和维也纳的城市特征。这种被称为出租公寓（Mietkasernen）或"出租兵营"的住宅类型大量出现，导致柏林被描述成"兵营城市"。

院落式住宅是中欧的一种典型住宅解决方案，在维也纳和柏林，许多现代建筑师都采用了这种建筑形式。院落被改为大型花园，其中包括幼儿园和小贩的售货亭。德国理性主义时期一些最好的住宅案例与这种形式有关。

理性主义者设计的居住区的特点是具有独立的结构，而且体现出一种具有争议性的科学观点；在完全自由划分土地的基础上，这些居住区的布局取决于朝向，而不是这一地区的普遍形式。这些独立的建筑物的结构完全脱离了街道，而且正因为如此，完全改变了19世纪城市发展的类型。在这些居住区的案例中，公共绿地尤为重要。

图 45 柏林平面图。图中右上方图例中：1. 花园和公园；2. 森林。图中右下方嵌图展示了城市的发展阶段：1. 古老的中心；2. 多罗腾区（Dorotheenstadt）；3.18 世纪时期的城墙

对单个居住单元的研究对于居住区来说至关重要。所有从事设计这些居住区并且研究经济住宅类型的建筑师，都试图找到最低居住标准的确切形式，即从组织和经济的角度来确定居住单元的最佳尺寸。这是理性主义者关于住房问题研究最重要的方面之一。

　　我们只能认为最低居住标准的制定是以某种生活方式——即使从统计学角度是可以证实的，这也是假设性的——和某种居住类型之间的静态关系为前提的。这导致了居住区被快速淘汰。它自身表现为一个空间概念，过于拘泥于特定的解决方案，而不能成为可供住宅广泛使用的一般要素。最低居住标准只是由许多因素构成的一个更为复杂的问题的一个方面。

　　独户住宅在柏林的居住建筑类型中有很强的传统性。尽管这是理性主义住宅类型最有趣的方面之一，但我只会简单提及，因为对它的讨论需要进行研究，它平行于且超出我们目前讨论的课题范围。在这方面，卡尔·弗里德里希·申克尔（Karl Friedrich Schinkel）为威廉一世（Wilhelm I）设计的巴伯斯贝格堡（Babelsberg Castle）、夏洛腾霍夫的城堡与罗马浴场（Römische Bäder）方案具有特别重要的意义。巴伯斯贝格堡的平面布局呈现出一种有序的结构，其房间的组织近乎刻板，而其外部形式却试图与周围的环境尤其是自然景观相联系。在这个项目中，人们可以看到别墅的概念是如何被借用，并被用作适合柏林这类城市的住宅类型原形的。在这个意义上，申克尔的作品主要通过英国乡间住宅实现了从新古典模式向浪漫主义模式的转变，为 20 世纪早期的资产阶级别墅设计提供了类型基础。

　　随着别墅作为城市元素在 19 世纪的发展、哥特式住宅和 17 世纪的住宅的消失，以及中心区被政府办公楼取代，城市周边区域被经济型公寓所取代，柏林的城市形态发生了深刻的变化。几个世纪以来，菩提树大街（Unter den Linden）形象的变化就是一个典型例子。这条 17 世纪的街道确实是位于酸橙树下的"步行大道"：路边住宅的围墙虽然高度不同，但它们却有一种建筑的统一性。这些具有中欧特征的资产阶级住宅是建在狭长地块上的，展现出哥特式建筑的元素。这种类型的住宅是维也纳、布拉格、苏黎世和其他许多城市的特色；这些通常起源于商业需要的住宅与现代城市的最初形式有关。随着 19 世纪下半叶城市的变迁，这些住宅迅速消失，或许是由于建筑物的翻新，或许是由于所在地区用途的改变。随着这类住宅的更替，城市景观发生了深刻的变化，往往变成一种刻板的纪念，就像菩提树大街的案例一样。老式类型的住宅被出租房屋和别墅所取代。

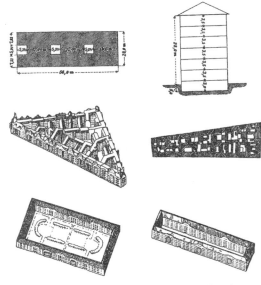

图 47 柏林的住宅与分区制类型，根据沃纳·黑格曼（Werner Hegemann）的研究绘制。上图：按照 1853—1887 年普鲁士建筑法典建造的柏林典型住宅的平面图与剖面图（沿街立面长 20 米，有三个 5.34 米见方的院落）。七层可居住楼层，平均每个房间容纳 1.5~3 人，每个房间面积 15~30 平方米，一共可以容纳 325~650 人居住。两边长 56 米的侧墙上没有窗户。中图：按照 1887 年建筑管理法典建造的两个街区的轴测图和平面图。它们无疑显示了相比 1853 年建筑法典的进步；这些街区一般规模较大，有较大的内部院落。房屋评估员格罗布勒（Grobler）绘制。下图： 按照 1925 年建筑法典建成的三层和五层的典型街区楼群

图 46 "经济公寓"（Mietkaserne）平面图，柏林，路德·埃伯施达特（Rud Eberstadt）绘制。上图：有两个横向内翼的案例，1805 年。下图：后来出现的有一个横向翼的案例

图 48　巴伯斯贝格堡威廉亲王乡间庄园表现图，波茨坦附近，德国。卡尔·弗里德里希·申克尔设计。1834 年完成方案，1835 年开始修建

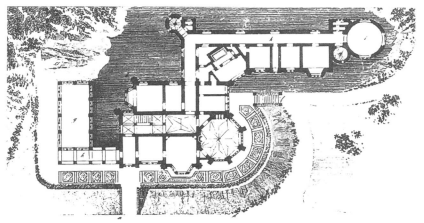

图 49　巴伯斯贝格堡威廉亲王乡间庄园平面图，卡尔·弗里德里希·申克尔设计，1834 年

　　在舒马赫看来，19 世纪下半叶别墅区和出租兵营式住区的分离代表了中欧城市中城市统一的危机。别墅的选址与自然的关系更密切，进一步体现了其社会象征和社会阶层。别墅不会也不可能插入连续的城市形象中。此外，出租性住宅成为风险投资性住宅而被降级，且再也没能恢复其市民建筑的价值。

　　然而，即使舒马赫的观点是正确的，我们也必须承认，别墅在导致现代住宅的类型转变中发挥了重要的作用。柏林的出租兵营式住区与英

式的独户住宅没有什么关系，前者被定义为一种特定的城市类型和不断发展的居住建筑类型。别墅最初是宫殿的简化（正如申克尔设计的巴伯斯贝格堡），它的内部组织关系和流线的合理化分布日益精细。赫尔曼·穆特修斯（Hermann Müthesius）的研究对柏林来说很重要，他重点关注功能和自由的内部空间，从而合理地发展了英国乡村住宅的建筑设计原则。

　　值得注意的是，这些类型上的创新并没有导致建筑上的敏感变化。为了适应资产阶级的生活方式，建筑的内部设计变得更为自由，但随之而来的只是更加具有纪念性的建筑形象和申克尔建筑原型的固化，其中的居住建筑和公共建筑之间的区别变得显著。在这方面，1900 年前后柏林城市知名的建筑师之一穆特修斯设计的建筑很具有说服力。他对现代住宅的关注也体现在他的理论专著中，其所关注的是与形式无关的住宅类型结构。关于住宅的形式，他采纳了一种德国新古典主义形式，加上当地传统的典型元素。这与申克尔的建筑原型形成了鲜明对比，在申克尔的建筑原型中，住宅对具象元素的依赖性较弱，古典类型的设计与建筑并不冲突。

　　但是，在 19 世纪后期，居住建筑中引入具象元素是这一时期建筑的典型做法，这可能是为了应对变化的社会条件并赋予住宅象征意义。当然，这与舒马赫所说的城市统一的危机是相符的，因此也符合日益增多且相互对抗的社会阶层对差异性的需求。现代运动中最著名的建筑师瓦尔特·格罗皮乌斯（Walter Gropius）、埃里希·门德尔松（Erich Mendelsohn）、雨果·哈林（Hugo Häring）等在柏林设计的别墅，以相当正统的方式发展了这些类型原型。尽管这些别墅的形象发生了深刻的变化，但显然并非与之前的折中式住宅原型有决裂之意。社会学家应当确立这种转变具象或象征性元素的方法，但这显然是同一现象不同方

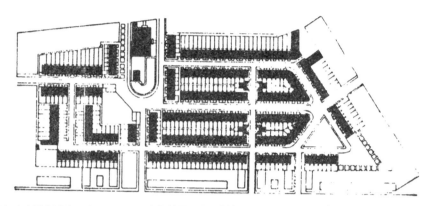

图 50 克夫霍克区（Kiefhoek District）场地平面图，鹿特丹，J·J·P·奥德（J.J.P.Oud）设计，1925 年

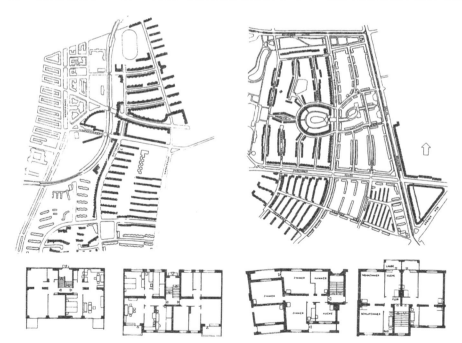

图 51 西门子大型居住区，柏林，1929—1931 年。上图：总平面图。下图：典型公寓套间平面图。左下图为奥托·巴特宁（Otto Bartning）设计的格贝尔街 4 号。右下图为瓦尔特·格罗皮乌斯设计的容费恩海德路 6 号

图 52 布里茨大型住宅区，柏林，1925—1931 年。上图：总平面图。下图：弗里茨·洛伊特林荫大道的典型曲线和直线建筑套间平面图，布鲁诺·陶特设计

面的问题。这些现代住宅将折中式别墅的假设发展成了最终的结果，从这一点上，人们可以理解为什么像穆特修斯和凡·德·维尔德这样的建筑师被看作大师：正是因为他们创立了一种通用的原型，尽管这种原型只是转化了英国或者佛兰芒的住宅经验。

独户住宅的所有这些主题都体现在居住区中，而居住区因其本身的复合特性似乎最适合接纳它们，并且给某些倾向一个新的定义。我不会在理性主义建筑师们所解释的住房问题上停留太久，我将对一些于 20 世纪 20 年代在柏林建成的实例进行说明。这些实例是很典型的，虽然人们也可以在法兰克福和斯图加特看到同样有名的实例。

显然，理性主义的城市理论体现在居住区这个概念之中，至少在其居住方面是这样的。甚至在成为空间模式之前，居住区这个概念可能只是一种社会学模式。当然，当我们谈到理性主义的城市化时，我们想到的是居住区的城市化。然而，这种态度立即显示出不足之处，特别是从其方法论意义的角度来看。如果把理性主义的城市化仅仅看作居住区的城市化，就意味着把城市化的经验局限在 20 世纪 20 年代时的德国城市化中。事实上，鉴于有那么多不同的解决方案，这种界定对于德国城市化的历史来说不是很恰当。此外，从德语"Siedlung"一词翻译而来的居住区（residential district）一词虽是有用的，但并不确切，它有如此多的不同含义，所以我们最好先对它进行仔细考察后再使用它。[14]

因此，我们有必要研究实际情况和建成物。考虑到柏林城市的形态、城市环境的丰富和特殊性以及其别墅的重要性等，可以得出这样的结论：这里的"Siedlung"有其自身特殊的一致性。滕珀尔霍夫·费尔德与布里茨的这类居住区，或者任何明显是从英式原型演变而来的居住区，具有紧密的相似性。这种相似性使得我们对于城市场地的参照更加重要。像弗里德里希·埃伯特这类居住区虽与理性主义的理论表述密切相关，但在任何情况下都很难从这些居住区的实际形象中回到"Siedlung"的思想体系。

至此虽然我们已经考虑了"Siedlung"本身，但是并没有提到（实际上是忽视了）它产生的背景。只有参照 20 世纪 20 年代的大柏林规划，才能分析"Siedlung"的城市化问题，这实质就是 20 世纪 20 年代的柏林住房问题。这个规划的基础是什么？它与某些最新的规划模式的关系比人们想象的要密切得多。一般来说，住宅选择与坐落的地点没有太大关系。住宅本身表现为城市体系中的一个要素，它依赖于作为城市脉搏的交通系统的发展。通过分区制，它促使城市中心自身形成政府和行政区，而娱乐活动和体育设施等类似的中心则被挤到边远地区。

即使在今天，这个模式仍是一种基本的参照，特别是在那些居住区是一个或多或少明确区域的地方。因此，在大柏林地区规划中，我们可以发现以下几点：

1. 在城市中，居住区并没有被规划成由不同部分组成的城市内的自主区域，这种自主区域类型的制定比实际居住区的情况更具革命性。

2. 德国的理性主义者们事实上已经认识到大城市及其都市形象的问题，人们只需想一下弗雷德里希大街上各种不同的设计项目，尤其是密斯·凡·德·罗（Mies Van der Rohe）和布鲁诺·陶特（Bruno Taut）的设计。

3. 柏林住房问题的解决方法并非完全不同于当时的基本住宅模式，而是表现了新与旧的结合，这当然是非常有意义的事实。

田园城市和光辉城市

当我谈到基本模式时，指的是英国的田园城市和勒·柯布西耶（Le Corbusier）提出的光辉城市。施泰因·埃勒·拉斯姆森（Steen Eiler Rasmussen）指出了它们的区别，他谈到，"田园城市和光辉城市代表了现代建筑两种伟大的风格"。[15] 虽然这句话指的是所有现代建筑，但在此我将用它来指代住房问题中的两种具体构想。有趣的是，拉斯姆森在他的论述中指出，类型问题比意识形态问题更为清楚和明确，尽管有时类型被视为不变的。他的论述不仅具有史学意义，并且也关注城市结构中的住宅价值，这在今天仍然是一个普遍的问题。田园城市和光辉城市这两种模式似乎最明确地体现了这个方面，并且它们的城市形象也是最清晰的。

认识到这些，人们就可以这样说，柏林的居住区和其他同时代的例子（如法兰克福的居住区）一样，在总体上体现了在较大的城市体系中解决住房问题的努力，这个体系本身就是现有城市实际结构的产物，也是一个新城市的愿景。这种愿景基于人们记忆中的那些模式，也就是说，那些我们认识和描述的柏林的居住区并不是一个独创的模式，然而这并不能否认它在住宅模式中有其特殊意义的事实。因此，在柏林或其他欧洲城市中，居住区或多或少有意识地表现了在两个不同的城市空间概念之间进行调节的意图。如果无视居住区与城市之间的关系，我们就不能把它视为城市中的一种自主元素。

我们有必要研究田园城市和光辉城市的基本住宅模式与某些政治和社会理论之间的关系。卡洛·多格利奥（Carlo Doglio）有关田园城市的文章就属于这类研究。[16] 多格利奥的这篇文章是关于意大利城市化最优秀的作品之一。我并不想对它进行总结，只想引用文章开头的一些段落，其概述了他研究的问题以及该问题的难度和复杂性：

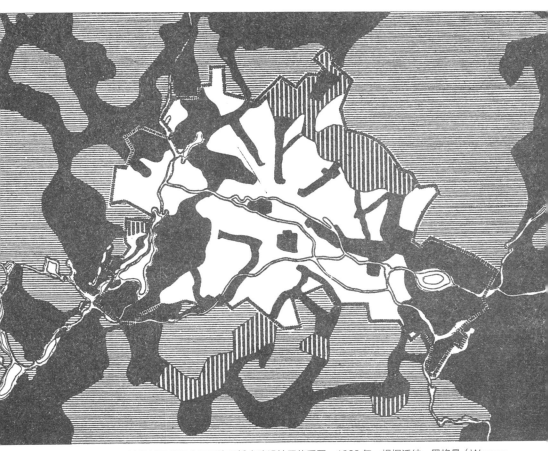

图 53　柏林城区范围内及周边区域未建设地区体系图，1929 年。根据沃纳·黑格曼（Werner Hegemann）的研究绘制。黑色表示普通未建设区域；竖向条纹表示田野；横向条纹表示其他社区的农业用地；点线表示柏林边界线

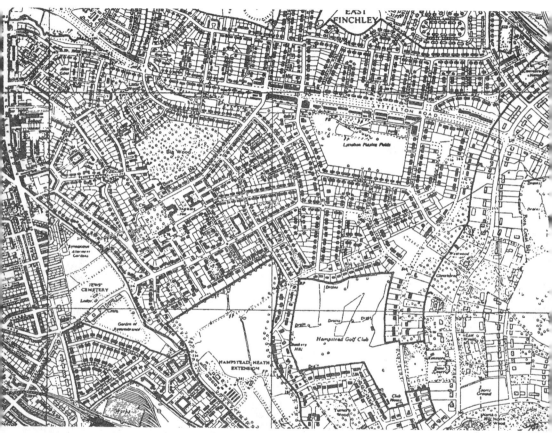

图 54　汉普斯特德（Hampstead）花园郊区总平面图，伦敦，雷蒙德·昂温（Raymond Unwin）和巴里·帕克（Barry Parker）设计，1906 年。中央区域与埃德温·勒琴斯（Edwin Lutyens）合作设计

"我所研究的案例情况非常复杂，因为实质上实证主义观点所披的是极端保守的外衣，也因为其具有的模糊性不仅破坏了问题的形式方面，还延伸到问题最隐秘的根源。拥护霍华德思想的最著名的激进分子奥斯本（Osborn）用其先锋性的实例提出了田园城市的方案。这些实例是一种真正现代的和人性化的重建居住中心（因此也是社会中心）。他还倨傲地谴责了维也纳和斯德哥尔摩的低收入者居住区，以这些地区在历史上更具美学和社会学价值而抨击它们……但是，当像莱奇沃思（Letchworth）和韦林（Welwyn）这样的田园城市方案不仅因为它们的形式和实际上来自于形式的固定内容，而且因为它们暗示的结构类型（城市和乡村，分散布局等）而被马克思主义驳回时，那么人们只能说，尽管如此，那些解决方案比过去的许多其他方案更有活力、更有未来的潜力。"[17]

由于这个问题会使我们离题太远，我只顺带说一下，对住宅和家庭之间的关系及其所有文化和政治意义的研究是如何被有趣地运用在社会主义意识形态中的。在这里，地方社区和民主形式之间的关系，以及作为社区中社会生活环节的空间尺度和社区政治生活之间的关系被很好地加以说明。住房问题显然成为这类关系的中心议题。

另外，在那些城市整体似乎非常重要的地方，在密度和规模占据主导地位的情况下，住房问题似乎就没那么重要了，或者至少与城市生活的其他功能比起来不那么受到关注。例如，在19世纪城市中所实施的美化和扩充的大型工程，虽然这些工程经常是由广泛的风险投资行为引起的，但它们却能被所有人享用，成为他们生活中的积极元素。很少有人像黑尔帕赫那样清楚地认识到"城市效应"，他与他所处的时代立场相反，肯定了大都市生活的有效性："对于由大城市塑造的一代人来说，大城市不仅意味着生存空间、生活场所和市场，而且还能够从生物学和社会学方面最深刻地呈现出人们的生活场景：人们土生土长的地方。"[18]

这些理论与近 60 年来建成的居住区之间有一种相互平行的关系。有些时候，比如在德国的居住区以及意大利和英国的居住区案例中，这种对应关系非常清楚。我们可以想到很多意大利的居住区被一次次提及，在这里，社区被隔绝为非城市性的，与城市几乎没有接触，而转向内部自身和左邻右舍。这些居住区只在下述情况下才会被另外的居住区所取代：在那里，具有强大可塑性的、以改变城市形象为目的的建筑形象最受偏爱。我们还可以援引那些最早的新城镇为案例，其低密度的规划在后来被否定。还有对新型复合式居住建筑群的实验，如艾莉森·史密森和彼得·史密森夫妇（Alison and Peter Smithson）以及丹尼斯·拉斯敦（Denys Lasdun）提出的设计以及谢菲尔德街区的例子。

当英国的建筑师们认识到贫民窟的拆除会同时导致传统上居住在高密度地区的社区解体，并且如果没有经历实质性变化，这些社区就无法在其被安置的低密度郊区自主建立新的根基的时候，他们在居住类型原型中重新发现了一个不变的主题。史密森夫妇重新发现了街道的概念，并且在他们的金巷方案中提出了三层水平通道的设计，构成了通往每个单体住宅的人行通道。

这类构想在谢菲尔德的复合式居住建筑群中被清楚地表达出来，在那里巨型板块被放置在城市高处，因而有助于与未来的发展相关联。这个项目的诞生证明了它与社会理论的关系，例如恢复街道作为社区活动舞台的必要性："街道是一个矩形舞台，在这里会发生邂逅、闲聊、游戏、打斗、嫉妒、求爱以及骄傲表现等行为。"[19]与此同时，谢菲尔德的大型街区，以一种新的方式使人们回想起伟大的柯布西耶式意象的马赛公寓。

主要元素

　　前文中提到的研究区域和居住地区的概念本身并不足以描述城市形成和演变的特征，在区域的概念中还应当加上发挥凝聚作用的具体城市元素的总和。我们把这些具有主导性的城市元素称为主要元素，因为它们以一种永恒的方式参与城市的演变，并且往往等同于构成城市的主要建成物。这些主要元素与一个区域的结合，包括场地与建设、平面布局的经久性与建筑物的经久性，以及自然与人工的建成物等方面，所构成的整体正是城市的物质结构。

　　对主要元素进行定义并不容易。当我们研究城市时，会发现城市在整体上倾向于根据三个主要功能来划分：住宅、固定的活动场所和社交场所。固定的活动场所包括商场、公共和商业建筑物、大学、医院和学校。另外，城市相关著述中还提到了城市设备、城市标准、服务和基础设施。其中一些术语是已被定义或可以被定义的，其他的则不是。但大多数情况下，每个作者都在特定的环境下使用它们，以确保必要的明确性。出于方便，我将会考虑把固定的活动场所纳入主要元素之中。我想说的是，住宅与居住地区的关系就像固定的活动场所与主要元素的关系。

　　我之所以使用固定的活动场所这一术语，是因为这个概念已被普遍接受。尽管固定的活动场所和主要元素的某些部分是相同的，但是在这两个术语的前提下，城市结构概念化的方式是完全不同的。它们的共同点在于，二者既是指城市元素的公共性和集合性特征，又是指公共事物的特征性事实：公共事物是集体制造的用来为集体服务的，并且本质上有城市属性。无论我们如何缩减城市，总会归结到这种集合性方面，它似乎构成了城市的起点和终点。

　　此外，在建筑意义上，主要元素与居住地区之间的关系相当于社会学家所提出的公共领域与私密领域之间的关键区别，这种关系是城市形成的特征性元素。汉斯·保罗·巴尔特（Hans Paul Bahrdt）在《现代大城市》一书中给出的定义最能说明主要元素的含义："我们的论点是这样的：城市是一个体系，其中（包括日常生活在内的）所有的生活都显示出两极分化的倾向，以公共或私密的社会集合的形式展现。公共领域和私密领域以一种密切但却保持两极分化的关系发展，而那些既没有'公共'特点，又没有'私密'特点的生活就失去了意义。从社会学的观点来看，这种两极分化关系越强烈，且公共和私人领域间的交流越紧密，城市的聚集生活就越'具城市性'。在相反的情况下，聚集会形成较低程度的城市特征。"[20]

当我们思考主要元素的空间特性及其功能之外的作用时，会认识到这些主要元素与其在城市中呈现的状态之间存在着多么密切的关系。这些元素拥有自身的价值，而且还拥有一种取决于其在城市中位置的价值。从这个意义上讲，历史建筑物可以被视为主要的城市建成物。也许它不再具有原始的功能，或者随着时间的推移它获得了与原本设计时不同的功能，但它作为城市建成物、作为城市形式发生器的特质却保持不变。在这个意义上，纪念物往往是主要元素。

不过，主要元素并不仅仅是纪念物，正如它们不仅仅是固定的活动场所一样。从一般意义上说，主要元素是那些能够加快城市化进程的元素，并且在比城市大的区域中，它们也体现了空间转变过程的特征。通常它们具有催化剂的作用。最初它们的存在只能通过其功能来识别（在这方面，它们与固定的活动场所一致），但它们很快具有了更重要的价值。它们甚至常常并不是物质的、建成的、可度量的建成物。例如，有时候事件本身的重要性会为场地的空间转换"提供场所"。后面我将就场所的议题来讨论这个问题。

因此，主要元素在城市的动态变化中发挥着有效的作用，并且由于它们的存在和组织方式，城市建成物获得了自身的特质，这种特质主要是指它的定位、它的精确作用的展现以及它的个体特性。建筑是这个过程的终极要素，也是这个复杂结构的产物。

这样，城市建成物和城市的建筑就是一回事，它们共同构成了一件艺术品。"谈论一个美丽的城市就是谈论其优秀的建筑"[21]，因为正是后者真正体现了城市建成物的美学意图。但是，只有通过考察特定的建成物，才能分析出在这种环境下真正的美学意图。为了有助于我们理解在历史中可以证实的城市建成物，现在来看看两个城市历史中的例子。

城市元素的内在动力

存在于城市元素中的持续的内在动力促进了西方古罗马或高卢－罗马时期城市的发展。这种内在动力今天仍然存在于这些城市的形式中。在罗马和平时期结束时，城市通过树立城墙来限定它们的边界，这些城市的面积小于过去的古罗马城市。纪念物乃至人口稠密的地区都被弃于城墙之外，城市只余下其核心部分。在尼姆，西哥特人把一个竞技场改成了要塞，使之成为一个拥有两千居民的小城市，位于四个重要方位的四个城门供人们出入城市，城市里面有两座教堂。随后，这座城市又开始围绕这个纪念物发展。阿尔勒城也发生了类似的情况。

这些城市的变迁是非同寻常的。它们立即使我们联想到规模，并表明城市建成物的特质与它们的大小无关。尼姆的竞技场有明确的形式和功能。它并没有被认为是一个平庸的容器，相反地，它的结构、建筑和形式是高度明确的。但是，历史上一个戏剧性时刻的一系列外部事件彻底转变了它的功能，由一个竞技场变成了一座城市。这个竞技场－城市的功能就像一个要塞，围合且保卫着它的居民。

另一个例子是葡萄牙的维索萨城镇。这是一个在城堡的墙体之间发展起来的城市。这些墙体构成了城市的明确界线，同时也是城市的景观。这座城市的存在——它的意义、它的建筑及其被界定的实际方式——记录了它自身的转变。只有在先前存在的形式封闭和稳定的条件下，才有可能出现延续性，以及行为和形式的相继产生。这样，形式即作为城市建成物的建筑，形成于城市的动态变化之中。

我正是在这个意义上，来谈论古罗马的城市和它们所遗留的形式：例如，如一种地理建成物一样横贯塞哥维亚城的输水道、埃斯特雷马杜拉的梅里达桥、万神庙、广场和剧场。随着时间的推移，古罗马城市的这些元素发生了转变，它们的功能改变了，我们从城市建成物的角度来看，它们体现出了许多类型学上的意义。另一个杰出的例子是西克斯图斯五世（Sixtus V）将斗兽场改为纺织厂的方案。这里又涉及斗兽场的特殊形式。实验室被安排在首层，上面几层是工人住宅。斗兽场可以成为一个大型的工人住区，是一个理性组织的建筑物。多梅尼科·丰塔纳（Domenico Fontana）曾就此谈道："他们已开始清除它周围的泥土，并且平整从康提塔（Torre dei Conti）到斗兽场的街道，以使整个地形平整，就像人们今天仍然可以看到的这种清除的痕迹。有60辆马车和100名男丁为这个工程工作。所以如果教皇再多活上一年，斗兽场就会变为住宅。"[22]

城市是如何发展的？被城墙包围的初始核心根据自身特有的性质延伸；与这种形式上的个性化对应的是政治上的个性化。在城市的外围地区，意大利城市发展为"borghi"（城市郊区），法国城市发展为"faugourgs"（城市郊区）。

米兰城的单一中心结构被错误地归因于历史中心的扩展，其实是整个中世纪时期持续存在的高卢－罗马中心、修道院和宗教建筑物明确地界定了米兰城。城市郊区（borghi）的经久性如此之强，使得圣高达这个主要的城市郊区在方言中被简单地称作"el burg"，并且至今仍然没有别的名称。

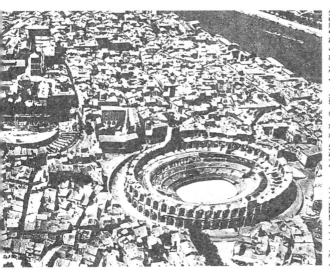

图 55　古罗马的纪念物，阿尔勒，法国。
剧场和竞技场鸟瞰图

图 56　圣克罗斯区（Santa Croce）平面图，
佛罗伦萨，标有建于古罗马竞技场基址之
上的房屋

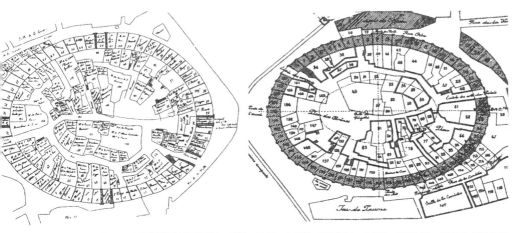

图 57　竞技场的注册登记图，尼姆，法国。左图为 1782 年，右图为 1809 年，标有业主和商户

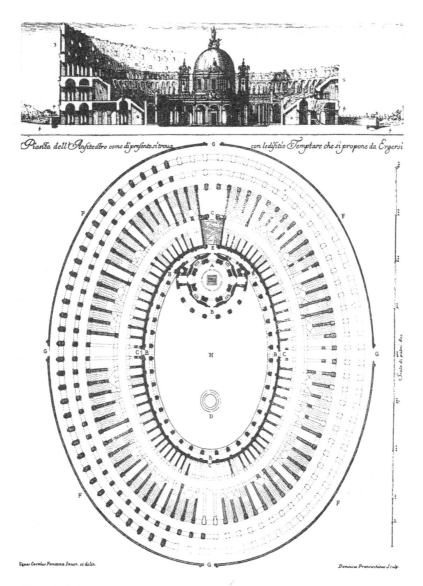

图 58 为了使教堂向心性布局而把罗马斗兽场变为广场的方案，卡洛·丰塔纳（Carlo Fontana）设计，1707 年

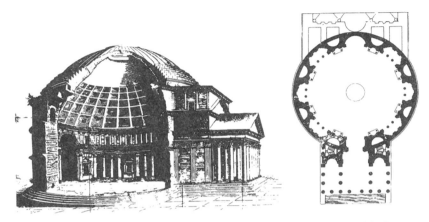

图 59　万神庙，罗马。左图：剖面表现图。右图：平面图。二者均来自 18 世纪早期版画

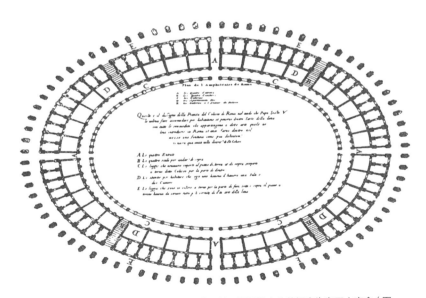

图 60　教皇西克斯图斯五世（Pope Sixtus Ⅴ）设计，把罗马大斗兽场变为有工人宿舍（图中标注的 "D"）的纺织厂方案，1590 年

在巴黎的老城外，修道院、商业中心和大学沿塞纳河两岸发展，围绕这些元素形成了城市的生活中心，在修道院区域形成了城镇。起源于墨洛温王朝的圣日耳曼德佩区可以追溯到 6 世纪，尽管到 12 世纪才出现关于它的记载。这个城镇代表了城市中的一个强有力的城市建成物，以至于它仍然存在于今天的巴黎规划中。它坐落于朝向红十字交叉路口的五条街道的交会处，那里是圣日耳曼德佩区的入口，这个地方被称为城市的初始或城市的尽头。[23]

纪念物立于中心，它通常被建筑物环绕，并且形成一个吸引人的场所。我们说过纪念物是一个主要元素，但它是一种特别的类型，也就是说，它的典型性在于概括了城市提出的所有问题，但其特殊性在于其形式的价值超越了经济价值和功能。

因此，尽管城市中的所有纪念性建筑物都带有经济学的特征，但它们也是杰出的艺术品，并且其特点首先取决于这一方面。它们构成了一种比环境和记忆更大的价值。值得注意的是，一个城市从来不会故意摧毁自己伟大的建筑作品，巴齐礼拜堂和圣彼得大教堂从未需要保护。

同样值得注意的是，这种价值是城市最为显著的特征和极为独特的例证。在此例证中，城市建成物中的所有建筑都被概括为它的形式。纪念物之所以有经久性是因为它在城市发展中具有辩证地位，它被理解为产生于城市中某一点或某一区域的东西。第一种情况即是指主要元素，其最终的形式是最重要的；第二种情况是指居住区，其土地性质似乎是最重要的。我们必须记住，这种类型的理论不仅要考虑城市各个部分的情况，也要考虑城市的发展。另外，当这种理论认为主要元素及其周围城市环境的确切经验具有最大的价值时，它便大大削弱了城市规划和整体格局的重要性，这些方面必须通过其他角度来研究。

古代的城市

正如我们刚刚所讲到的，古代城市演变中主要元素的意义，表明了城市建成物的形式即城市建筑的重要性。这种形式的经久性或其作为参照物的价值，完全不同于其设计时的特定功能，也与城市制度的延续性不一致。因此，我特意强调了城市的形式和建筑，而不是城市的制度。认为制度在其延续和传播过程中没有间断或变化的设想，是对历史的歪曲，这种立场掩盖了城市在转变的时刻所经历的真正创伤。

亨利·皮雷纳（Henri Pirenne）[24] 对于城市尤其是城市与城市制度之间关系的研究做出了巨大贡献，他证实了纪念物、场所和城市物质实体的价值是形成政治和制度的一种经久要素。纪念物和所有的城市建设都是可以参考的行迹，随着时间的推移会有不同的意义。"大型城镇和自治市镇……在城市的历史中扮演了重要的角色。可以这么说，它们是希望之石。正是围绕着它们筑造围墙，城市才得以在经济复兴最早出现时形成，最初的征兆可以追溯到 10 世纪初期。"[25] 即使当时在社会、经济和法律的意义上城市并不存在，但值得注意的事实是，城市的重生是围绕着自治市镇和古罗马城市的围墙开始的。皮雷纳证实了古典城市与中世纪具有地方性和特殊性的中产阶级城市毫无类似之处。在古典世界，城市生活与国家生活是一回事，因此古代的市政体系与宪政制度也是相同的。罗马帝国将其统治范围扩大到地中海区域，使其殖民地城市成为帝国体制的前哨。这种体制使罗马帝国在日耳曼人和阿拉伯人的侵略中幸存下来，但随着时间的推移，这些城市却完全改变了它们的功能。这种变化对于理解这些城市后来的演变是很重要的。

　　起初，教会根据古罗马城市中已有的地区建立了教区，城市就这样成为了主教府所在地，因而导致商人大批离开、贸易减少以及城市间联系的结束，但这些并不会影响基督教教会的组织，也不会影响城市的结构。城市成为了教会威望的所在，并且因捐赠而变得富裕，同时在管理问题上与加洛林王朝保持一致。因此，一方面城市的财富增加，另一方面它们的声望得到了提高。随着加洛林王朝的衰落，封建王朝继续尊重教会的权威，即使在 10 至 11 世纪的混乱状态下，主教的统治地位也是如此绝对，以至于这种统治也自然地延伸到居住区中，即古罗马的城市中。

　　皮雷纳指出，这种权力的转移实际上挽救了城市，使之免于毁灭，即使在 10 世纪，经济条件使城市无法存在下去的时候也是如此。因为随着商人的消失，经济条件已经不再有社会价值。在城市周围独立地存在着大片的农业区域，而以纯农业为基础构成的国家并不关心这些城市的生存。因此，虽然王公和伯爵的城堡建在乡村，但主教们却通过教会机构固定不变的性质将其与城市恰如其分地联系在一起，这就最终使城市免于毁灭。通过这种方式，城市幸存下来，这是因为城市是主教府的所在地，而不是因为城市制度的连续性。

　　在皮雷纳的分析中，罗马城的例子变得异常发人深省："这座帝国城市成为了宗教城市。它的历史威望提高了圣彼得大教堂继任者的地位。与人隔离的教皇形象更加高大，且立刻变得更有权势。人们看到只有他……一直住在罗马城中，使罗马成为了他的罗马，就像每个主教一样，都使其生活的城市成为他的城市。"[26]

　　古代城市是以何种方式成为现代城市的起源呢？对皮雷纳而言，把中世纪城市的形成归因于修道院、城堡或市场的活动是完全错误的。城市连同它们的中产阶级机构一起，诞生于欧洲经济和工业的复兴。那么，现代城市是因何且如何被安置在古罗马城市中的？皮雷纳认为，这是因为古罗马的城市并不是人造的；相反地，它们重新聚合了城市群落赖以生存和繁荣的所有地理条件。坐落在不可摧毁的"恺撒之路"，即数百年来人类道路的交会处，这些罗马城市注定会再次成为城市生活的所在地。"那些从 10 世纪到 11 世纪时期中只是较大的教会领地中心的城市，开始在迅速且不可避免的转变中恢复它们失去已久的初始特征。"[27] 这种转变只会发生在古代城市内部或周围，因为它们代表了一种人造的复合式建筑群，是人工与自然的中间点，正如皮雷纳在提及古罗马的城市时所申明的那样，这是人类在自身的发展过程中不能轻易忽视的。对老城主体的利用，又有了一个经济学和心理学方面的依据。它们既是一种积极的价值，也是一种参照点。

　　这个古代城市转变的问题也与从资产阶级城市向社会主义城市演变的这个现代问题有关。这里也似乎已经肯定，制度变化的时刻并不一定与形式的演变有关。因此，像一些人那样，将两者的关系进行简单化的假设是很抽象的，且与城市发展过程的现实无关。显而易见的是，由于主要元素和纪念物直接表现了公共领域，它们获得了某种越来越必要和综合的特征，这个特征是不易被改变的。居住区作为一个区域，具有更为动态的特征，但是它仍然依赖于主要元素和纪念物的生命力，并且参与到整个城市构成的体系中。

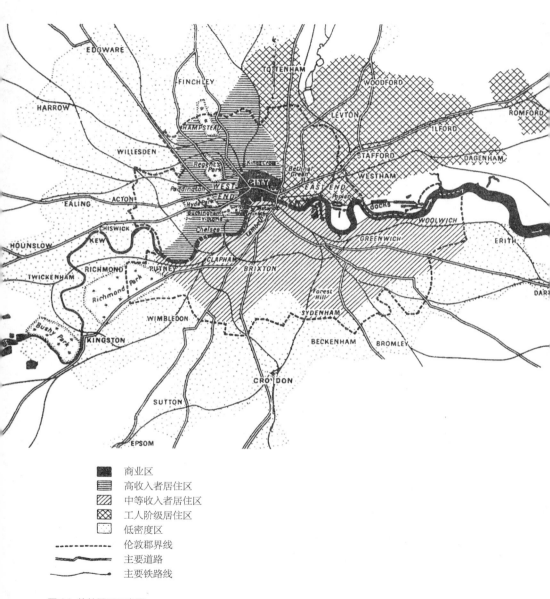

商业区

高收入者居住区

中等收入者居住区

工人阶级居住区

低密度区

------- 伦敦郡界线

~~~~~~~~ 主要道路

———————— 主要铁路线

图 61 伦敦平面示意图

转变的过程

一座城市的居住区和主要元素之间的关系，是这座城市以一种特定方式组合而成的根由。如果这一点在那些总是由历史事件把不同元素统一起来的城市中得到证实，那么在那些由城市建成物构成却未能形成一个整体形态的城市中，就更加显而易见了，如伦敦、柏林、维也纳、罗马、巴里和其他许多城市。

例如在巴里[28]，古代城市和有城墙的城市构成了两个极为不同、几乎不相关的建成物。古代城市从未被扩大过，它的核心就是一种完整的形式。只有连接城市与周边地区的主要街道，才能完整且经久地出现在有城墙的城市构造中。在这类情况下，主要元素和区域之间总有密切的联系，这种联系往往变成一个占据绝对主导地位的城市建成物，它构成了城市的特征，因为城市总是其建成物的总和。

形态分析作为研究城市最重要的工具之一，将这些方面完整地展示出来。城市中不存在无定形的地区，如果存在，那这些地区正处于转变过程中，这些地区表现出城市动态变化中尚未确定的阶段。在这种现象频繁出现的地方，如美国城市的郊区，由于高密度加大了土地使用的压力，这一转变过程通常被加快了速度。这些转变是通过对一个明确区域的限定来实现的，这就是重建过程发生的时刻。

如今这个过程成为了伦敦这类伟大的城市的特征，彼得·霍尔（Peter Hall）写道："几个世纪以来，建筑商和建筑师已本能地将分区制的理念运用到牛津和剑桥大学、伦敦的法院以及布鲁姆斯伯里（Bloomsbury）的初始规划中，在这些规划中，穿行交通被隔绝在大门外。"[29] 这种方法构成了帕特里克·阿伯克隆比（Patrick Abercrombie）为威斯敏斯特和布鲁姆斯伯里所做的著名的分区规划的基础。道路系统被重新调整，使主干道可以环绕街区，避免了穿行交通的进入。

城市美学的一个鲜明特征，就是在区域和主要元素之间，以及城市不同部分之间，曾经产生且现在依旧存在的张力。这种张力由存在于同一场所的城市建成物之间的差别造成，并且不仅应当从空间上，还应当从时间上来度量。这里的时间，既是指展现经久性现象及其所有含义的历史过程，又是指纯粹的时间顺序过程，在这个过程里，可以用连续存在的城市建成物来度量这种经久性现象。

这样，大城市的原有周边地区在转变的过程中常常显得非常美丽：伦敦、柏林、米兰和莫斯科都展现出了完全想象不到的景色、外观和形象。存在于建成物本质中的审美愉悦，使莫斯科周围地区在不同的时期里为我们呈现的形象，比其辽阔的空间更能展现出转型中的文化和社会结构的真实形象。

当然，我们不能如此轻易地将如今城市的价值归结为建成物的自然延续。任何东西都不能保证有效的连续性。了解转变的机制很重要，并且最重要的是确定我们如何在这种情况下采取行动。我认为，不是通过控制城市建成物的变化过程，而是通过控制某一时期出现的重要建成物来确定。这里，规模和干预规模的问题就显现出来了。

城市中特定部分随着时间推移的变化，与某些地区的衰败这一客观现象密切相关。这种在英美文学中被普遍称为"废弃"的现象，在现代化大城市中表现得日益明显，并且在美国大城市中具有特别的特征，人们已在这方面对美国大城市进行了深入的研究。就目前而言，我们把这种现象定义为一组建筑物的特征，它们可能邻近某条街道，或者本身构成整个区域，它们在周围区域的土地使用性质发生改变时仍保持原状（这个定义比其他定义涵盖的范围更广）。城市中的这些地区并不追随现实生活的变化，它们往往在整体发展方面长期处于孤岛状态，见证了城市的不同发展时期，并且同时也形成了大面积的"保留地"。这种废弃的现象说明了把城市区域作为城市建成物来研究的正确性，我们可以把这种区域的转变与研究特定的事件联系起来，正如后面我们在哈布瓦赫的理论中了解到的。

在我看来，城市作为一个由许多自身完整的部分构成的实体这一假设，是一个真正允许选择自由的假设，并且选择自由一词因其含义成为了一个根本问题。例如，我们不认为有关价值的问题是对抽象的建筑和类型的简单陈述——如高层或低层住宅所能够解决的。这种问题只能在城市建筑这个具体层面上才能解决。我们完全相信，在一个选择自由的社会中，公民真正的自由在于能够选择某一种解决方案。

地理和历史；人类的创造

"地理或历史取决于我们观察之物或我们思考之时。"

——卡洛斯·巴拉尔（Carlos Barral）[30]

在前文中，我们主要关注两个问题：第一是居住区和主要元素，第二是城市是由部分组成的结构。我还谈及了纪念物、城市元素的各种用途以及解读城市的方式。这些关注点中许多都是方法论上的，它们旨在定义一种分类系统。也许我并不总是选择最直接的方法，但我一直努力坚持并忠实于那些我认为最正确的研究，在某种程度上，努力去整理这些研究。我已经说过，这里并没有什么新东西。重要的是，这些关注的背后是证实了人与城市之间关系的真实的建成物。

我也提出了城市是一个人造物和一件艺术品的假说，我们可以观察和描述这个人造物，并试图理解它的结构价值。城市的历史与它的地理总是分不开的，如果没有这两者，我们就不可能理解作为"人类事件"物质标记的建筑。维奥莱－勒－杜写道"建筑艺术是一种人类的创造"，又写道,"建筑这种人类的创造实际上只是应用了产生于我们之外的原则,而我们通过观察来获得这些原则"。[31] 这些原则就在城市里,由建筑物所构成的石头景观——也就是 C·B·福西特(C. B. Fawcett)所说的"砖块和砂浆",象征着社区的连续性。[32] 社会学家已经研究了集体性知识和城市心理学;地理学和生态学已经开辟了广阔的前景。但是,对于把城市理解为艺术品而言,建筑学难道不是必需的吗?

为了澄清城市建筑是一个完整艺术品的问题,我们需要对城市历史中具体而重要的环节进行更精确的研究。正如伯纳德·贝伦森(Bernard Berenson)所认识到的那样,即使没有提出这个理念,威尼斯的艺术也完全是由威尼斯城市本身来解释的,"威尼斯人用所有的一切来强化这个国家的伟大、荣耀和辉煌。正是这一点使得他们把城市本身建成令人惊叹的纪念物,来表达他们对共和国的爱与敬畏。与其他任何一个人类的艺术成就相比,这座城市仍然获得人们更多的赞赏,给人们带来更多的愉悦。他们并不满足于使自己的城市成为世界上最美的城市。他们在所有引以为荣的宗教仪式般的庄严气氛中举行各种典礼。"[33] 这种观察适用于所有城市。它提到的建成物,虽然表现为不同的方式和不同的结果,但仍可以进行比较。任何城市都有自己的个性。

在区分城市中居住区域和主要元素这两个主要建成物时,我们已经坚定地否定了住宅是无定形的和短暂的这种观点。因此,我们没有把注意力集中在单体住宅上,在单体住宅中随着时间推移可以凭经验观察到材料的磨损以及社会不同阶级和生活方式的住房需求,而作为替代,我们研究了特征区域的概念。城市的所有部分都表现出它们的生活方式、它们自身的形式和记忆的具体行迹,为了从形态学的角度(也可能从历史学和语言学上)来探究这些部分的特征,我们可以把这些区域区分开来。在这样的背景下,有关城市中区域的研究便引出了场所和规模的问题。

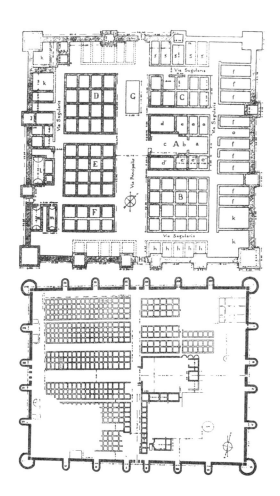

图62　两个设防的古罗马居住区平面图，这些居住区成为了一种城市形态类型。上图：达加尼亚（Daganiya），约旦。下图：埃尔－莱贡（El-Leggùn），约旦

　　与区域截然不同，主要元素是演变的，并且应当将其作为加速城市动态变化过程的元素来研究。完全从功能的角度来看，这种元素可以被解释为集体的固定活动场所。但更重要的是，它可以被视为真实的城市建成物，被视为可以"概括"城市的事件和建筑。因此，这种元素在自身形成的过程中已经体现了城市的历史和理念，用帕克（Park）的话来说，这是一种"心境"。

作为城市是人造物这个假设的核心，主要元素具有绝对的明确性；在形式上以及就某种意义来说，它们在城市结构中的特殊属性是可以被辨认出来的；它们是独特的，或更确切地说，它们是城市的特征。如果人们看一下任何一个城市的规划图，这些易于识别的形式像黑点一样会立刻引起人们的注意。从立体的角度看也是如此。

虽然在前面说过纪念物不是唯一的主要元素，但我似乎总是以它们为例。例如，我谈到了阿尔勒的剧场和帕多瓦的理性宫等。我不确定是否可以充分说明这一点，但我想要介绍一个不同的论点。我们知道，许多有关地理的和城市的论著将城市分为两大类：经过规划的和未经规划的。"在城市研究中，通常会着重强调经过规划的和未经规划的城镇之间的不同。前者是作为城镇来设想和建立的，而后者的出现则没有经过有意识的规划。未经规划的城镇是已经发展起来的且适应了城市功能的聚居地。它们的城市特征已经出现在自身的发展过程中，它们的布局基本上是在城市形成之前的某些核心周围的建筑物之集合。"[34] 这是亚瑟·E·斯梅尔斯（Arthur E. Smailes）在其关于城市地理学的论著中所写的，其他很多学者也如此谈论过这个问题。

假如这段陈述中提到的理论体系是牢牢建立在真实事件的基础上的，我们可以认为它具有相对的具体性：它包括了一个分类的基本类型，可以从多个角度来讨论。事实上，关于城市建成物的起源，我们可以说，这个问题在任何情况下都可以运用斯梅尔斯的表述，即"在城市形成之前的某些核心周围的建筑物之集合"。这些核心代表着城市化过程的开始，在这个过程中形成了城市及其所有的价值。

因此，我认为规划是一种主要元素，等同于神庙或要塞这样的纪念物。经过规划的城市的核心也是一个主要元素，不论它是否为城市过程的开始或城市的特征，就像在圣彼得堡或费拉拉城那样。从整体上看，规划设计的存在导向了对城市进行严格空间限定的解决方案，这个观点是非常值得商榷的；同任何其他主要元素一样，规划往往只是城市发展中的一个环节。

城市是否围绕一个有序或无序的核心发展或围绕单一的建成物发展并没有太大差别（尽管这肯定会引发不同形态的问题），这两种情况都有可能产生具有特征的建成物。这就是在圣彼得堡已经发生的情况，也是在巴西利亚（Brasilia）正在发生的情况，这两个例子值得进一步研究。

像沙博和博埃特这样的学者从未试图将规划和单个建成物区分开来，虽然沙博曾合理地认为规划是所有城市运行的理论基础。然而，拉韦丹更重视这样的区分。这是他长期研究城市建筑和法国城市结构得出的结果。如果在法国学派做出的巨大努力中，能出现更多的像拉韦丹所做的综合性尝试的话，我们如今会拥有极好的研究资料。然而，阿尔伯特·德芒戎（Albert Demangeon）关于城市及其住宅的研究却没有考虑到维奥莱－勒－杜收集的资料，这并不是缺乏跨学科关系的问题，而是与对待现实的态度有关。

然而，拉韦丹不应该因为强调建筑而受到责备，因为这正是他研究中最有价值的部分。当他谈到城市的"规划"时，他指的就是建筑。我认为我的这个说法并没有曲解他的想法。在讨论城市的起源时，他写道："无论是自发的城市还是有规划的城市，其规划的行迹和街道的设计都不是偶然的。这其中有着对规则的遵循，无论是在第一种无意识的情况下，还是在第二种有意识和公开的情况下，总会存在着规划的原始元素。"[35]拉韦丹用这个表述还原了规划作为原始元素或组成部分的固有价值。

在我力图解释主要元素和纪念物之间的差别时，也许已经介绍了关于规划的另一个论点。这个论点并没有使我的观点更明晰，而是最终将其扩大了。事实上，这种扩大使我们回到了在开头提出且已经从不同角度进行了分析的假设上：城市在本质上并不是一个可以被归结为单一基本概念的创造物，其形成过程是多种多样的。

　　城市由各个部分组成，每一部分都有自己的特征；城市中还有建筑物聚集的主要元素。纪念物是城市动态变化中的固定点，因此它们比经济规则更为强而有力。而从最直接的形式上看，主要元素并不一定如此。从这个意义上看，纪念物的本质就是它们的命运，虽然命运在什么时候能被预测显然是很难说的。换句话说，我们既要考虑永久的城市建成物，又要考虑虽然经久性不那么强但对城市的构成至关重要的主要元素，这与建筑学和政治学都有关。因此，当主要元素因其内在价值或因其独特的历史情况而获得纪念物的价值时，我们就能够把这个事实与城市的历史和生活精确地联系起来。

　　这再一次表明，所有这些考虑之所以重要，是因为在它们背后是与人们息息相关的建成物。因为这些构成城市的元素——这些城市建成物具有与生俱来的特点和表征，而且既是人类活动的产物又是一种集合性人造物——属于最真实可信的人类的见证。当谈到这些建成物时，我们自然谈论的是它们的建筑，即它们本身作为人类创造物的意义。一位法国学者最近写到了法国大学的危机，他认为没有什么能比缺乏"曾有的"法国大学建筑物更能明确地表示这种危机。巴黎虽然是那些伟大的欧洲大学的摇篮，却从未设法"建设"这样一种地方，这标志着这个体系的内在弱点。"面对这种异常的建筑景象，我感到震惊。当我随后访问了科英布拉（Coimbra）、萨拉曼卡（Salamanca）、哥廷根（Göttingen）和帕多瓦（Padua）后，产生了一种忧虑情绪，伴随而来的还有一个有待核实的疑惑……正是法国大学在建筑上的虚无让我明白了其在思想和精神上的虚无。"[36]

　　谁能否认分散在世界各地的大小教堂与圣彼得大教堂共同构成了天主教会的普遍存在？我并不是在谈论这些建筑作品的纪念性特征或风格方面：我指的是它们的存在、建造和历史，换句话说，是指城市建成物的本质。

城市建成物有其自身的生命和命运。当人们来到一个慈善机构时,悲伤几乎是显而易见的。这种悲伤弥漫在墙壁内、院落里和房间中。当巴黎人摧毁巴士底狱时,他们是在抹除其物质形式所代表的几个世纪的凌辱与悲伤。

在本章的开头,我谈到了城市建成物的特质。在提倡这类研究的学者中,列维－斯特劳斯(Lévi-Strauss)对于特质的概念界定,比其他任何人都走得更远,并且指出,我们的欧几里得精神对于定性的空间概念无论显得多么抵触,它的存在并不取决于我们。"空间本身就有其独特的价值,正如声音和气味也有色彩和能感知的重量一样。探求这种对应关系并不是诗人的游戏或者神秘的行为……这些对应关系为学者们提供了一个全新的领域,这个领域可能会产生丰硕的成果。"[37] 城市建成物的这种特质概念已经出现在具体的实际研究中。建筑的特质,即人类创造物的特质,就是城市的意义。因此,在考察了若干理解城市的可能性方法后,我们应当回到城市建成物最本质、最独有的特征上来。我将从这些与建筑紧密相关的方面开启下一章的内容。

总而言之,我想强调的是,在地理学的意义上,区分纪念物和主要元素的正是特质和命运。以这两个参数为指导,可以极大地丰富对城市中群体和个人行为的研究。我已经提到了美国学者林奇所做的研究,尽管其研究的路线不同。希望这类实验性的研究能够更加深入,并且为城市心理学的研究提供各个方面的重要资料。

这种特质的概念还可以反映区域和边界的概念,以及政治领地和前沿的概念,无论是种族概念还是以语言或宗教为基础的社区都不能充分阐明这些概念。我只想在这里提出一种可能的研究方针,许多贡献肯定来自于心理学、社会学和城市生态学。但是,我深信,一旦这些学科更加关注城市的物质实体和建筑,它们将具有新的意义。我们不能脱离与城市建成物相关联的总体框架,再去关注城市的建筑——换句话说,即建筑自身。在这个意义上,我说过我们需要一种新的解决方法。

图 63 奥尔塔圣山（Sacro Monte at Orta）上的小教堂，意大利，约 1600 年

第三章
城市建成物的个性；建筑

场所

在本书中，我已多次使用场所一词。场所是指某一特定地点与其中建筑物之间的某种关系。这种关系在当时既是独特的，又是普遍的。

任何建筑物或城市的选址在古代社会中都具有头等重要的意义。这个"位置"——场地——是由"场所精神"来掌控的，场所精神即当地的守护神，它是负责管理发生在其中一切的媒介。场所这个概念也一直出现在文艺复兴时期理论家们的研究中，即使在帕拉第奥时期和米利齐亚后期，从地形和功能方面对它的研究也日益深入。在帕拉第奥的论著中，人们仍然可以感受到古代世界的鲜活存在，领悟新旧关系之间的奥秘所在。这种超越了特定建筑文化功能的关系，体现在马尔孔滕塔别墅（Malcontenta）和圆厅别墅（Rotonda）这样的建筑作品中，正是它们的"位置"限定了我们的理解。维奥莱－勒－杜也力图将建筑解释为基于少数理性原则的一系列逻辑作用，在此过程中，他承认将建筑作品从一个地方转移到另一个地方是困难的。在他的一般建筑理论中，场所是一个独特而具有物质性的空间。

最近，地理学家索尔提出了一种空间划分[1]的可能，并依此假设"特定点"的存在。依此设想的场所，强调的是同质空间中的条件和性质，这些是了解一座城市的建成物所必需的。与之相似的是，哈布瓦赫在晚年也关注于传说空间的形态。他认为神圣场所在不同的时期呈现出不同的外观，而且人们可以从中发现不同的基督教团体的形象。这些宗教团体是根据自身的意愿和需要来构建和布局这些场所的。

让我们来思考一下天主教的空间。由于教会是不可分割的整体，因此这种空间遍及全球。在这样的世界中，个体位置的概念是处于次要地位的，边界或前沿的概念也是如此。空间是由一个单一中心决定的，即教皇所在地，但是这相同的俗世的空间不过是一个瞬间，是圣徒共享的宇宙空间的一小部分（这个观点与神秘主义者所理解的空间超越的观念相似）。即使在这个完整的、没有差别的框架中，空间本身的概念被泯灭和超越了，"特定点"也就存在了。这些空间是朝圣的场所，是信徒与上帝进行直接交流的圣所。这样，圣礼成为基督教教义中恩典的象征，通过可见的形式表示或象征着其赋予的无形恩典，而且由于表达它们的过程实际上是授予恩典，因此它们是强有力的象征。

　　这样的特定点可以通过以下方式被识别，即通过在某段时间发生的某一特定事件或者通过其他各种理性和非理性的理由来识别。即使在教会的普世空间内，仍然存在着一种被认可和维护的中介价值，一种真实的（可能是异乎寻常的）空间理念的可能性。为了将这个理念带入城市建成物的领域，我们必须回到形象的价值上来，回到对建筑及其周围环境的具体分析上来，这也许会使我们纯粹而直接地理解场所的价值。因为这种空间和时间的理念似乎能够被理性地表达出来，尽管它包含了一系列我们经验之外的价值。

图64 奥尔塔圣山上的小教堂，约1600年

图 65 瓦雷泽的圣山景象（Sacro Monte at Varese），意大利，通往圣墓的街道两旁的小教堂。
版画作者 L · 加尔雷和 P · 加尔雷（L. and P. Giarré）

图 66 巴韦诺（Baveno），意大利，建于克鲁西斯大道（Via Crucis）上的文艺复兴风格门廊

我意识到这个论点的牵强之处，但它却潜藏在每一个实例研究之中，它是经验的一部分。亨利·保罗·埃杜（Henri Paul Eydoux）[2] 在研究法国高卢时，特别谈到了那些一直被视为独一无二的地方，而且他建议对这些似乎已经被历史所决定了的地方做进一步的分析。这些地方是真正的空间行迹；正因如此，这些空间与机遇和传统都相关联。

我常常想到文艺复兴时期的画家所描绘的广场，作为人类建设的建筑空间，它们具有一种场所和记忆的普遍价值，因为它们被非常鲜明地定格为某一时刻的形象。这一时刻成为我们对意大利广场主要的且最深刻的概念，因此，它与我们对意大利城市本身的空间概念相联系。这种类型的理念与我们的历史文化、与我们在人造环境中的存在、与从一种环境延续到另一种环境的参照物是紧密相关的，因此它也与特定点的重新发现有关，特定点实际上是最接近我们所构想空间的理念。亨利·福西永（Henri Focillon）在谈到具有心理学意义的场所时说到，没有这些场所，一个环境的精神将会是模糊不清和捉摸不定的。因此，为了描绘一个特定的艺术性的景观，他提出了"场所艺术"（Art as Place）的概念，"哥特式艺术的景观，或作为景观的哥特艺术创造了任何人都无法预见的法国和法兰西人性：地平线的轮廓，城市的剪影。简而言之，它是一首诗歌，产生于哥特式艺术，而不是来自地质学或来自卡佩王朝的制度。但是，对于任何环境来说，根据其自身的需要去创造和塑造过去，难道不是它的本质属性吗？"[3]

显然，用作为场所的哥特艺术来取代哥特式景观是极其重要的。从这个意义上看，建筑物、纪念物和城市成为了杰出的人类作品；正因为如此，它们与初始状态、第一个行迹、构成成分、经久性和演变，以及机遇和传统都充分地联系在一起。最初人们在为自己打造某种环境的同时，也创造了一个场所，并赋予其独特的性格。

理论家们对绘画中风景构思的评论，罗马人建造新城市时必定会重复某些元素的做法以及对场所转变潜力的认知——这些和其他许多事实使我们认识到某些建成物的重要性。当我们考虑这类情况时，就会意识到为什么建筑在古代世界和文艺复兴时期是如此重要。建筑塑造了文脉，它的形式随着一个场地中较大的变化而变化，它参与整体的构成，经历某个事件的全过程，同时也构成事件本身。只有这样，我们才能理解一座方尖碑、一根柱子、一块墓碑的重要性。谁还能将一个事件和表现它的行迹区别开来？

我已在本书中多次提出这样一个问题：城市建成物的独特性始于何处？是在它的形式、功能、记忆之中，还是在其他概念之中？现在我们可以回答这个问题，其独特性是从事件和标志事件的行迹之中产生的。这种见解贯穿在建筑历史之中。艺术家们总在努力创新，使建成物领先于之前的风格。布克哈特（Burckhard）在写到如下论述时就懂得了这个过程："在圣殿里，他们（艺术家们）开始迈步走向崇高，他们学会了如何排除形式中的偶然因素。类型应运而生，最终，产生了最初的原型。"[4] 因此，曾经存在于形式和元素之间的密切关系，其自身再一次成为一个不可或缺的原点。这样，一方面建筑具有自身的限定范围，如它的元素和原型；另一方面它易于被看成人造物，而其产生之初与其自行发展之间的分异是难以辨别的。正是从这个意义上，我们才能理解阿道夫·路斯的论述："如果在森林中看到一个由铁锹塑造成形的长 1.82 米（6 英尺）、宽 0.9 米（3 英尺）的金字塔形土堆，我们就会肃然起敬，而且会心想，'某人葬于此地。'这就是建筑。"[5] 这个长 1.82 米（6 英尺）、宽 0.9 米（3 英尺）的土堆之所以是极为明确和纯粹的建筑，是因为它是清晰可辨的人造物。只有在建筑历史中，初始元素与其各种形式变体之间才会产生分异。这种分异在古代世界中似乎总是必然发生的，正是从此分异中推导出了那些初始形式中举世公认的永恒特性。

所有伟大的建筑时代都要求更新古代建筑，这就像是一个永久确立的范式，每次它都以不同的要求被提出。由于这种相同的建筑思想已经体现在不同的地点之中，因此，我们可以对照这个标准与每个特定地点的个体经验现实来了解我们的城市。我在本书开头对帕多瓦的理性宫所做的评论也许应归在这种思想之列，这种思想超越了建筑物的功能和历史，却没有超越建筑物所在地点的个性。

从另一个角度，我们也许可以用一种尽管不再理性但更熟悉和直观的方法，更好地理解场所的概念——这种有时似乎相当模糊的概念。否则的话，我们就会继续抓住那些易于消逝的原则性要点。这些要点可以描述纪念物、城市和建筑的独特性，进而描述独特性概念本身及其范围。这些要点把建筑的关系追溯到它的位置——艺术性场所——从而探究建筑与场所之间的精确连接，而场所本身作为一个独特的建成物则取决于它的空间和时间，取决于它的地形规模与形式，取决于它是一系列古代和近期事件的发生地，取决于它的记忆。所有这些问题都在很大程度上具有一种集合的性质，它们迫使我们暂时撇开空间与人之间的关系，而是先来考虑一下生态学和心理学之间的关系。

建筑是科学

"最伟大的建筑作品与其说是个人的，不如说是社会所创造的作品；它们更多的是各国的劳动产物，而不是天才的灵感所致；它们是一个民族的遗产，是几个世纪积累下来的财富，是人类社会沧桑变化后的积淀——简言之，是一种构成形态。"

——维克多·雨果（Victor Hugo）[6]

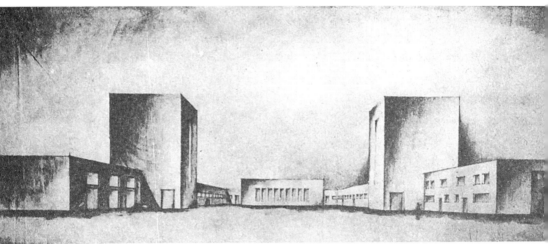

图 67 法国南部桑居斯科伯爵（Count Sangusko）的马厩方案，阿道夫·路斯，1924 年

像伽特赫梅赫·德·甘西一样，亚历山大·德·拉博德（Alexandre de Laborde）在其 1816 年对法国纪念物的研究中，赞扬了 18 世纪末 19 世纪初的那些艺术家们，因为他们去罗马研究并掌握了知识的永恒原理，重新游历古代的伟大道路。这些新学派的建筑师们自认为是研究具体建成物科学的学者，这个科学即建筑学。

因此，他们正穿过一条熟悉的路线，因为他们的前辈也曾一直致力于在基本的原则之上确立建筑学逻辑。"他们同时是艺术家和学者；他们已经养成了观察和批评的习惯……"[7] 但是，拉博德及其同辈人没有注意到这些研究的根本特征：它们引入了城市问题和人类科学，这类介绍使天平倾向于学者而不是建筑师。但是，只有以建成物为基础的建筑历史才能为我们描绘出一幅微妙平衡的完整景象，并且使我们获得对建成物本身清晰与连贯的认识。

我们知道，这些理论家和他们的学说的基本主题是阐述建筑学的一般

原则，阐述建筑学作为一门科学以及建筑的构想和应用。勒杜（Ledoux）[8]
在古典概念的基础上确立了他的建筑学原则，但他也关注地点和事件，关
注环境与社会。因此，他研究了社会所需且与确切环境相关的各种建筑物。

　　在维奥莱－勒－杜看来，建筑学无疑是一门科学，他认为，一个问
题只有一个答案。然而，他却在此扩展了这个论题，因为建筑学所关注
的问题在不断地变化，所以解决方案就必须修改。根据这位法国大师的
定义，正是建筑原则和现实世界的变化共同构成了人类创造物的结构。
因此，在他编纂的《建筑词典》中，他以无与伦比的才华在我们面前展
示了法国哥特建筑的伟大全景。

　　据我所知，在他对建筑作品的描述中，几乎没有哪个作品的描述能像盖
拉德堡（Gaillard Castle）一样完整和具有说服力，它也被称作狮心王理查的
要塞（Richard the Lionhearted's Fortress）[9]。在维奥莱－勒－杜的文章中，
这座城堡获得了一种永恒展示建筑作品结构的力量。通过分析建筑物与塞纳
河地形之间的关系、军事技术、古代的地形知识，最后通过分析争斗的双方——
诺曼人和法国人——同样的心理状态，他揭示了城堡的结构和城堡的独特性。
城堡的背后不仅有法国的历史，而且城堡本身也成为一个我们获得个人
知识和经验的地点。

　　同样地，住宅的研究也是从地理分类和社会学的考虑开始的，进而通
过建筑来探讨城市和乡村这些人类创造物的结构。维奥莱－勒－杜发现，
在所有的建筑物中，住宅最能表现人们的习惯、风俗和趣味；它的结构和
它的功能组织一样，只有经过很长时间才会发生变化。通过对住宅布局的
研究，他再现了城市核心的形成，并为法国住房的类型学比较研究指明了
方向。

　　维奥莱－勒－杜用同样的原理描述了法国国王重新开创的城市。例如
蒙帕齐耶（Montpazier），它不仅呈规则的方格网布局，而且其中所有住

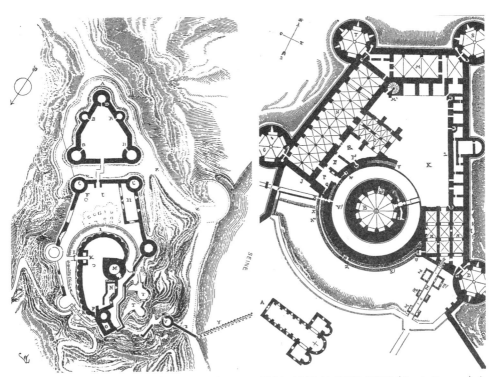

图 68　法国的盖拉德堡，诺曼底（Normandy），法国，维奥莱－勒－杜绘制的平面图。A 凿于岩中的壕沟和主塔；B 次塔；C 主塔群；D 次塔；E 城堡的第一道围墙，围绕着底部院落；F 井；G 通向外部的地窖；H 教堂；K 城堡入口；L 壕沟；M 主楼；N 指挥官居所；P 紧急出口；R 警戒路线；T 塔和凿于岩中的围墙；V 塔；X 壁垒；Y 河道障碍；Z 主要壕沟

图 69　13 至 14 世纪法兰西岛（Ile de France）上的库西城堡（Castle of Coucy）。维奥莱－勒－杜绘制的底层平面图。A 原有教堂；B 主楼；C、D 塔；E 引桥；K 院落；L 服务用房；M 典型居所；N 底层为储藏室，上层为大客厅；S、T 塔

宅的大小和平面布局都一样。生活在这样一个特殊城市的人们发现自己
处在一个绝对平等的平面。因此，对这些地段和城市街区的研究使得维
奥莱－勒－杜可以窥见基于现实的法国社会阶层历史：在这方面，他的理
论先于社会地理学家以及特里卡尔的结论。

人们应当去阅读法国地理学派在 20 世纪初所撰写的最好的论著，以
便找到一种同样科学的态度。然而，即使浅显地阅读一些德芒戎[10] 关于法
国乡村住宅的文章，也会使人联想到历史上那些伟大的理论家的著作。从
对乡村的人造景观的描述开始，德芒戎就认识到了住宅中的经久性元素。
这些经久性元素只有经过很长时间才会发生改变，而且它们的演变过程比
乡村经济中经久性元素的过程更漫长且更复杂。经久性元素并不总是或轻
易与乡村经济相对应。因此他提出，住宅中存在着类型上的常量，并且他
自己也热衷于发现基本的住宅类型。

最终，一旦从住宅的背景方面进行挖掘，人们就会发现它不仅源于地
方环境，而且还表现出其外部关系、远亲关系和一般影响。因此，通过研
究一种住宅类型的地理分布情况，德芒戎避免了将许多发现缩减为场所决
定论的做法，无论这种决定论是来自物质和经济结构方面，还是来自功能
方面。因此，他能够记述历史关系和文化潮流。这样的分析必然缺乏城市
和地区结构的广义概念，而早先的理论家却能够从整体上认识到这个概念；
与维奥莱－勒－杜的研究相比，这种分析具有精确性和方法论上的严密性，
但在总体层面上却缺少综合性。

令人惊奇的是，一位被认为是革命者的建筑师勒·柯布西耶[11] 接受并
综合了看起来与他的分析相差较远的论点，因此，在他的"住宅是机器、
建筑是工具"的定义中（对于当时文雅的艺术学者们来说，这个定义是很
可耻的），他所做的正是把法国学派的所有实际学说结合起来，就像我们
前面说过的一样，这些是基于对现实的研究。事实上，在同一时期，德芒

戎（在刚才提到的著作中）提出了乡村住宅是为农民工作而制造的工具。人类的创造物和制造的工具似乎再一次支持了这个论点，并把它推到一个基于真实之上的建筑视野，这是一个可能只有艺术家才能领略到的完整视野。

但是，如果这个结论仅仅把分析与设计之间的关系看作个别建筑师的问题，而不是把建筑学的过程看作科学的过程，那么这个结论就终止了，并且没有其他任何意义。它否认了拉博德的话中所包含的希望，即他看到新一代艺术和文化人士养成了批评和观察的习惯，也就是说，他们从而有可能更深刻地理解城市的结构。我确信，对于在此被认为是人类创造物的建筑实体的研究，必须先于分析和设计。

这样的研究必然要包括个人作品与公共作品之间关系的完整结构，包括几个世纪积累的历史，以及不同文化的演变与经久性。因此，本节以维克多·雨果[12] 的一段文字开始，它可以作为一个研究大纲。雨果和其他许多艺术家和科学家一样，对历史上伟大国家的建筑抱有强烈的热情，他试图洞悉作为人类事件固定场景的建筑。而当他把建筑和城市的共同方面称为"一种构成形态"的时候，他以具有启发性的权威说法丰富了我们的研究工作。

城市生态学和心理学

在前面的部分，我试图强调这样一个事实，也许与其他任何视角相比，人们通过建筑更能获得综合的城市面貌，以及对其结构的理解。从这个意义上说，我强调了维奥莱－勒－杜和德芒戎对住宅的研究，用比较法指出了他们在研究中的发现。此外，我认为在勒·柯布西耶的研究中，这种综合已经被完成了。

现在，我想在此论述中引入一些生态学和心理学的观点，后者被应用于城市科学。研究生物体和其环境之间关系的生态学不是在这里讨论的内容。从孟德斯鸠（Montesquieu）开始，这一直是一个属于社会学和自然哲学学科的问题，尽管它非常有趣，但它会让我们离题太远。

我们只考虑这个问题：城市场所一经确定，它是怎样影响个人和集体的？从索尔的生态学意义上来看，这个问题让我很感兴趣：这就是说，环境是如何影响个人和集体的？对于索尔来说，这个问题比其相反的问题，即人是如何影响他所在的环境这个问题要有趣得多。[13] 随着后一个问题的提出，人类生态学的理念突然改变了意义，并且这个理念涉及整个文明史。在本研究的初始阶段，我们将城市定义为人类最卓越的创造物的时候，我们已经解答了这个问题，或者说明了它是由两个问题组成的体系。

但正如我们所说的那样，即使是我们所提到的生态学和城市生态学，只有在城市被视为一种由其各个部分组成的复杂整体结构时，这个研究才有意义。这种由历史决定的人与城市之间的关系和影响，不能被简化为一种图示化的城市模式来进行研究，这种模式正如帕克和霍伊特这些美国学者提出的城市生态模式。据我所知，这些理论虽然可以解答一些与城市技术相关的问题，但是对于基于建成物而不是模式之上的城市科学的发展而言，它们几乎没有贡献。

似乎已不可否认，群体心理学的研究已经成为城市研究中的重要部分。我认为与我此项研究最为接近的许多作者，都是将其研究建立在群体心理学基础之上的，而群体心理学又与社会学相联系。这种联系已被相关文献充分证实。所有以城市作为主要研究对象的学科，都会涉及群体心理学。

有价值的信息也可以从格式塔心理学旗帜指导下的实验中得到，正如包豪斯在形式领域中的实践和美国林奇学派[14] 的实验。在本书中，我特别提出了使用林奇关于居住区的一些结论，以证实城市内不同区域具有不同的特征。然而，实验心理学的方法曾经有一些不恰当的延伸，但在解决这些问题之前，我应该简要地谈一下城市与作为工艺学 * 的建筑之间的关系。

　　在谈论一个建成物的构成和记忆时，我主要是从集合体属性的角度来思考这些问题：它们属于城市，因此属于集体市民。我认为，在艺术或科学中，行动的原则和手段被集体性地阐述，或以一种传统进行传播，在这种传统中所有的科学和艺术都以集体性的现象来呈现。但与此同时，它们并不是在所有的集合方面都是集体性的，因为有些方面是个人创造的结果。一个集合式建成物，当然必然是城市建成物，与设计及建造它的个人之间的关系只能通过研究建成物建造的工艺来解读。有许多类别的工艺学，建筑是其中之一，而且由于它是我们研究的对象，因此我们应当首先考虑它，而经济和历史的因素仅仅在与城市建筑学相关的层面才需要考虑。

　　相对其他的工艺学和艺术而言，建筑中的集合式城市建成物同个人之间的关系是独一无二的。实际上，建筑本身是一种广泛的文化运动：对它的讨论和批评远远超出了研究它的专家所讨论的狭小范围；建筑需要付诸实现，成为城市的一部分，从而成为"城市"。从某种意义上看，没有其他东西会像建筑物那样在政治上遭到"反对"，因为那些被建成的建筑物总是为统治阶级服务，或它们至少表现出一种在特定城市环境中调节某些新需求的可能性。因此，某些方案的制定和城市中产生的建筑物存在着一种直接的关系。

　　但同样显而易见的是，这种关系也可以用另外的方式来考虑。建筑世界被展现为连续的逻辑原则和形式，这些原则和形式或多或少是自主地源于场所及历史的现实，我们可以如此研究建筑。因此，建筑蕴含着城市，

---

* 《韦伯斯特新二十世纪词典》(*Webster's New Twentieth Century Dictionary*，未删节，第二版) 把 "工艺学 (technics)" (意大利语为 tecnica) 定义为 "对一门艺术或普遍艺术，特别是实用性艺术的原理的研究"，这个意思就是本书中此处及后面所用到的。——英文编者注

但这个城市也许是一个具有完美和谐关系的理想城市，建筑在其中发展并建设自己的职权范围。同时，这个城市的实际建筑是独一无二的，它从一开始就具有一种典型的——且模糊不清的——其他艺术和科学所没有的关系。从这些方面，我们可以理解下面这种由建筑师对设计系统提出的持续争论，即经由设计空间秩序成为社会秩序并且试图改变社会。

　　然而，在设计之外，甚至在建筑本身之外，还存在着城市建成物、城市、纪念物，关于特定时期和环境中的单个作品研究的专著证实了这一点。在人文主义时期对佛罗伦萨的研究中，安德烈·查斯特尔（André Chastel）[15]清楚地表明了文明与艺术、历史和政治之间的所有联系，这些联系也展示出佛罗伦萨（同样也是对雅典、罗马和纽约）的新视野以及形成它的艺术和过程。

　　如果我们思考帕拉第奥，思考威内托大区（Veneto）那些由历史决定的且留有他作品的城市，以及这些城市的研究如何在实际中超越了帕拉第奥这位建筑师，就会发现，在我们开始这些讨论时所说的场所的概念已获得了完整的意义；它成为了城市文脉，并且可以等同于一个单独的建成物。我们可以再次问，其独特性在哪里？它存在于单独的建成物中，存在于建成物的材料中，存在于围绕着建成物所发生的事件中，存在于建成物制造者的思想中，还存在于决定它的地点之中——这种决定不仅是物质意义上的，而且首先体现在地点的选择及地点与作品之间不可分割的统一性方面。

　　城市的历史也是建筑的历史。但我们必须记住，建筑历史最多只是观察城市的一种方法。不理解这点的人会在以下方面花费大量的时间：从形象方面来研究城市及其建筑，或试图用其他科学的观点来研究城市，例如心理学。但是，心理学又能告诉我们什么呢？无非是某个人以一种方式观察城市，而另一些人以另一种方式看待城市。这种个人化且无厘头的想象怎么能同那些使城市最初出现并构成城市形象的规律和原则联系在一起呢？如果我们是从建筑的角度，而不是从某种风格的角度来研究城市的话，那么抛弃建筑而用其他东西取而代之是没有任何意义的。实际上，没有人会怀有这样的想法，就是说当理论家提出建筑应当符合坚固、实用和愉悦这些原则时，他们必须去解释这些原则背后的心理动机。

贝尔尼尼（Bernini）以轻蔑的口吻谈论巴黎，因为他认为巴黎的哥特式景观是粗野的[16]，我们难以对他的心理产生兴趣；相反地，我们感兴趣的是一位建筑师的评价方式，即他基于一座城市的整体和特定文化，而对另一座城市的结构做出评价。类似地，密斯·凡·德·罗对建筑有一些见解，其见解的重要性不在于表明了德国中产阶级对于城市的"品味"或"态度"，而是在于它们能使我们理解这种见解的基础，理解申克尔古典风格的文化遗产以及与德国城市相关的其他思想。

评论家在讨论一个诗人为什么要在诗中某处采用特别的尺度时，他实际上是在考虑诗人在某一特定时刻所面临的构成问题。因此，在这种关系的研究中，评论家关注文学，并且掌握了解决这个问题所必需的一切手段。

如何定义城市元素

要进一步深入分析，我们应致力于研究那些建成物本身，包括典型和非典型的建成物，从而试着理解某些问题是怎样在建成物中产生并通过建成物来阐明的。我经常从这个角度思考象征主义在建筑中的意义，以及象征主义者中的那些 18 世纪的"革命建筑师"和构成主义者（他们也是革命建筑师）。现有的理论也许可以对象征主义做出最合乎情理的解释，因为功能主义观点就是仅仅简单地从特定符号与具体事件的对应关系上来理解象征意义的。似乎正是在历史上的关键时刻，建筑一再将自己表现出作为"符号"和"事件"的必要性，以建立和塑造一个新时代。[17]

布雷（Boullée）写道："一个球体在任何时候都只等于它自身，是完美的平等符号。没有任何东西具备它那样的特殊性质：其上的每个小切面都与其他的相等。"因此，球形符号可以归纳为一种建筑形式和原则，同时，这可能是它的建造的先决条件和动机。球体不仅表现了平等的观念，更确切地说，不是表现了，而是平等的理念就寓于其中；一个球体，同时也是一座纪念碑，是平等的"立法者"。

人们还会联想到人文主义时期有关向心式布局的讨论（它们只在表面上属于类型学）："向心式布局的建筑具有双重功能；它将灵魂尽可能有效地释放出来，获得沉思冥想的能力，借此达到一种具有治疗效果的精神状态，以升华和净化观察者。而这一作品的真正崇高之处，在于构成了一种膜拜的行为，通过其绝对的完美，达到了一种宗教的氛围。"[18]

关于向心式布局的争论，伴随着教会内部的改革或简化宗教仪式的倾向，这些争论导致重新发现了一种平面布局类型，这种类型形成于拜占庭帝国的典型教堂类型之前，是古代早期典型形式之一。好像是已经消失了的城市建成物的连续性，在新的环境中被重新找回，而此时这一环境已成为了新的基础条件。查斯特尔总结了所有这些，他指出，"三组理由在选择向心式布局中起到了作用：圆形所属的象征性价值，对于球体和立方体相结合的研究著作所引发的诸多几何学思考，以及历史性范例的影响力。"[19]

米兰圣洛伦佐（San Lorenzo）的这座向心性布局的教堂就是一个很好的例子。[20] 它的布局形制很快重新出现在文艺复兴时期；列奥纳多（Leonardo）几乎是着迷地在其笔记本中不断地分析它。这种平面布局在波罗米尼（Borromini）的笔记中成为一个独特的建成物，其形式受到米兰的两个伟大纪念物圣洛伦佐教堂和米兰大教堂（Duomo）的强烈影响。波罗米尼的所有建筑作品都介乎这两个建筑物之间，从而通过结合米兰大教堂的哥特式的垂直属性和圣洛伦佐教堂的向心性布局，获得了奇异的、几乎是传记般的特征。

在今天的圣洛伦佐教堂中，不同类型的扩建部分依然清晰可见：从中世纪（圣阿奎利努斯礼拜堂）到文艺复兴时期（马蒂诺·巴齐教堂的穹顶）。然而，教堂的整个结构占据古罗马浴场位置，即古罗马时期米兰城的中心。我们显然是在一座纪念物的面前，但我们能否纯粹从形式的角度来谈论它和周围的城市环境呢？寻找它的意义、原因、风格、历史看起来似乎更为合适。教堂正是这样呈现在文艺复兴时期艺术家们面前的，它因此成为新的设计中被重新建构的一种建筑理念。不理解这样的建成物，我们就无法谈论城市建筑学；这样的建成物需要进一步的研究，因为它们是城市科学的主要基础。从这些方面来理解象征性建筑的方法可适用于所有的建筑，因为它确立了事件和行迹之间的联系。

某些作为初始事件参与城市形成过程的建筑作品，随着时间的流逝，它们在城市的长期延续中变得富有特征，它们改变或抛弃了初始的功能，最终形成了城市中的一个片段——如此，我们更倾向于纯粹地从城市的角度，而不是建筑的角度来研究它们。而另一些作品则标志着新事物的构成，它们构成了城市历史中新时代的行迹；这些作品大多与革命时期紧密相关，与城市历史进程中的决定性事件相关。所以，在某些建筑时期，或多或少地会出现建立新的评判标准的需求。

我已试着区别城市建成物和建筑本身之间的不同，但就城市建筑而言，其差别中最重要的和具体可以证实的事实存在于两者之间的一致性，也存在于两者之间的相互影响之中。虽然本书是关于城市建筑的，是将建筑自身的问题和城市建筑的问题作为密切相关的整体来研究的，但还有某些建筑问题不在此讨论；在此特指构成的问题。这些问题显然有其自身的自主性。它们把建筑作为一种构成，这意味着这些问题与风格有关。

建筑及其组成部分，既视城市建成物的构成情况而定，也限定了城市建成物的构成，尤其是在那些时期，当建筑能够综合一个时代全部的社会和政治视野的时期，当建筑是高度理性的、广泛的且可传递的时期，换句话说，当建筑能被视为一种风格的时期。正是在这些时期，传递的可能性是毋庸置疑的。传递能够使得一种风格具有普遍性。

在某些时空中，对于特定城市建成物和具有某种建筑风格的城市的识别是如此不假思索，以至于我们可以准确地区别出哥特城市、巴洛克城市和新古典城市。这些风格上的定义立刻转变为形态上的定义，从而准确地定义了城市建成物的属性。这些观点使人们有可能来谈论城市设计。想要实现这一点，一个具有决定性的历史和政治的时刻与某种明确而理性的建筑形式的相互重合是产生这种局面的必要条件。于是，社区便有可能解决选择的问题，集体地渴望一种城市，同时拒绝另一种城市。在本书的最后一章，在讨论城市政治的选择问题时，我将回到这个话题。目前只要说明以下这点就足够了，即没有这种历史的重合，就没有选择的可能，城市建成物也就无法形成。

建筑的原则是独特且不可变的，但在回应实际问题时，往往会根据实际的情况、人的处境而不断变化。因此，建筑的理性是一方面，而作品本身的生命力是另一方面。当某一特定时期，一座建筑开始组成新的没有回应城市实际情况的城市建成物时，它这样的做法在美学的层面上是必要的，而且其结果不可避免地倾向于历史上的改革或革命运动。

城市建成物是城市组成的基本原则这一假设否定和驳斥了城市设计这一概念。后面这个概念通常被认为与环境有关，它与形成和构造一个同质的、协调的、连续的环境有关，这种环境展现出自身景观的一致性。

图 70 圣洛伦佐·马焦雷巴西利卡（Basilica of San Lorenzo Maggiore），米兰

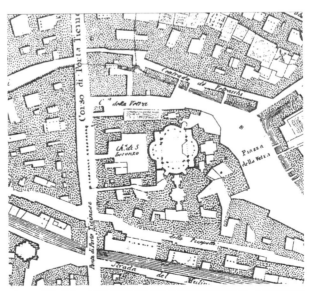

图 71 圣洛伦佐·马焦雷巴西利卡及其周围区域平面图，布雷拉的天文学家（Astronomers of Brera）提供，1807 年

不是从城市的实际历史条件中，而是从平面布局、事物应该是什么样子的大致推断中，去寻找规律、理由和秩序。只有在针对一片"城区"（即在第一章中所谈到的城市是由各个部分所组成的这个意义上）或是涉及建筑物整体时，这些构思才是合理并可被接受的，但它们对城市的形成却起不到什么作用。城市建成物常常像片段那样并存于某种秩序之中；尤其是它们构成而不是延续了形式。对于理解城市建成物的结构而言，一种将城市建成物的形式缩减为某种形象以及迎合这种形象品味的概念，从根本上太过局限以至于不能借此来理解。与此相反的是对城市建成物全面解读的可能性，通过确定相对于所有建成物的现存关系，全面地解决城市中某一部分的问题。

在一项有关现代城市形成的研究中，卡洛·艾莫尼诺阐明，现代建筑的任务是"如何准确描述一系列概念和关系，从技术工艺和组织结构的角度看，如果这些概念和关系具有某些共同的基本法则，它们就会在部分样本中得到验证，并通过它们在一座具体而可识别的建成建筑形式中的分辨率，清晰地加以辨别"。他接着论述，"随着平面方法分区条款体系的终结，并伴随着纯粹体量建筑的运用标准和规则，建筑的剖面……成为主导形象之一，成为整个作品的发生核心。"[21]

在我看来，以最具体的方式表达一栋建筑，尤其是在设计阶段，意味着为建筑本身赋予新的动力，也是重新构建我们所极力主张的分析和设计的总体愿景。这种类型的概念，即遍及在形式中的建筑动力是强大的与基础性的，这种概念回应了城市建成物概念的本质。新的城市建成物的建造——换言之，就是城市的发展——总是通过对城市元素的准确定义而发生。这种极端程度的定义有时会激发非自发性的规划，尽管这些真实的方式可能是不可预测的，但是它们可以作为整体的构架。从这种意义上讲，城市发展规划是有重要意义的。

　　这种理论产生于对城市现实的分析，而这种城市现实与下面的观念相互冲突，即预先确定的功能其本身掌控着建成物，从而问题简化成：为一定的功能提供形式。实际上，形式在被构成之时就已超越了其所必须服务的功能，它们的形成就像城市本身一样。从这样的意义来看，建成物与城市现实也是一体的，建筑物的城市特征比设计方案的意义更大。分别考虑城市和建筑，并且纯粹地从对应的角度来解释功能组织的做法，会使讨论回到狭隘的功能主义城市见解上去。这种视角是消极的，因为它仅仅视建筑物为应付功能变化的构架、作为功能无论怎样都能渐次填充的抽象容器的具体体现。

　　功能主义观念之外的替代性选择既不简单也不容易，如果我们在某一方面拒绝朴素功能主义，反过来我们仍然必须把握整个功能主义理论。因此，我们必须划分出这个不断被阐释的理论与其所含有的歧义之间的界限，即使在新近的提案中也应如此，虽然这些提案有时是自相矛盾的。我认为，只有我们认识到建筑的形式和理性过程两者的重要性，看到形式本身所具有的包含许多不同的价值、意义和作用的能力，我们才能超越功能主义理论。前面我所谈到的阿尔勒的剧场、体育馆和一般纪念物是这个论点的例证。

　　重申一下，正是这些价值的总和，包括记忆本身在内，组成了城市建成物的结构。这些价值与城市建成物自身所具的组织或功能无关。我倾向于认为某种特定功能的作用方式不会改变，或只是在不得已时才会改变，而在功能的和组织的需求之间所进行的调解，只有通过形式才能实现。每当我们发现自己身处真正的城市建成物面前的时候，我们就会认识到它们的复杂性，而这种结构的复杂性胜过了任何基于功能之上的狭义解释。分区规划和总体规划尽管有作用，但在分析作为人造物的城市时只能作为参考。

古罗马广场

现在，我想回到建筑与场所之间的关系上，首先谈谈这个问题的其他方面，然后再讨论城市纪念物的价值。我们将以古罗马广场为例，因为这是一个对全面了解城市建成物至关重要的纪念物。[22]

古罗马广场是罗马帝国的中心，是古代世界许多城市建设和转变的参照点，也是古罗马人所实践的古典建筑和城市科学的基础；它与罗马城本身的起源确实有着不同寻常的关系。这座城市的起源兼具地理上和历史上的因素。它位于陡峭山丘之间低矮的沼泽地上。它的中心是一潭死水，周围是在雨天会被完全淹没的柳树林和甘蔗地；山丘上有树林和牧场。艾尼阿斯（Aeneas）对景象做了如下的描述：" ……他们在古罗马广场和优美的卡里那埃街区（Carinae quarter）看到了遍地哞叫的牛群。" [23]

拉丁人和萨宾人定居在埃斯奎利诺山（Esquiline）、维米那勒山（Viminal）和奎里纳莱山（Quirinale）。这些地方既方便了坎帕尼亚（Campania）和伊特鲁利亚（Etruria）的人们聚会，又适合居住。考古学家们已经证实，早在公元 9 世纪，拉丁人就从山上下来，在广场中的山谷安葬死者的遗体，这只是罗马郊野的一处山谷，正因如此，这个地点被载入史册。在 1902—1905 年间，贾科莫·波尼（Giacomo Boni）在安托尼努斯和法乌斯提那神庙（Temple of Antoninus and Faustina）下面发现了墓地，这是人类在那里留下的最古老的证明。广场最早是墓地，接着是战场或更可能是举行宗教仪式的地点，逐渐成为承载新生活形式的场所，散布在山上的部落汇聚在那里，建立城市并且形成了城市组织原则。

地理形态为路径指明了位置，也决定了沿着最缓的坡度爬上山谷的道路，如萨克拉街（Via Sacra）、阿尔吉莱图斯街（Via Argiletus）和帕特里奇乌斯街（Vicus Patricius），从而绘制出城市地图之外的路线。这是建立在地形结构而不是清晰概念基础上的城市设计思想的产物。这种地形和城市发展条件之间的联系，后来在整个广场的历史中得以延续；它完整地体现在城市形式中，表现出其不同于那种由规划所确定的城市形式。广场的不规则性被李维（Livy）批评为："这就是造成原先引向公共区域的古代下水道现在却从各处通向私人建筑物的原因，这也使城市更像是一个被占用之地而不像是一个经过妥善分区的地方。"[24] 他把这种批评归咎于高卢人在城市解体之后的重建速度之快，以及限定城市范围的困难，但实际上，这种不规则性正是罗马城所经历的发展类型的特征，它与现代城市的特征极为相似。

　　大约在公元 5 世纪，广场就停止了作为市场活动区的功能（失去了它曾有的一种主要功能），并成为一个真正的广场，这几乎与亚里士多德的预言相吻合，亚里士多德书写了这个时期，"公共广场……永远不会被商品玷污，手工业者将被禁止入内……市场将设在远离广场、与之明确分隔且注定要成为市场的地方……"[25] 正是在这个时期，广场上出现了雕像、神庙和纪念建筑物。因此，曾经满是泉水、圣所、市场和旅馆的山谷，现在布满了巴西利卡、神庙和凯旋门，并被两条大街包围，即萨克拉街和诺瓦街（Via Nova），这两条大街可以从小巷到达。

　　即使在奥古斯都（Augustus）的系统化和被奥古斯都广场（Forum of Augustus）与图拉真市场扩大的罗马中心区，以及哈德良的作品之后，直到帝国的衰落，广场并没有失去其作为聚会场所以及罗马中心的本质；古罗马广场（Forum Romanum）或者玛革努姆广场（Forum Magnum），成为了城市中心的特殊建成物，是整个城市的缩影。因此，彼得罗·罗马内利（Pietro Romanelli）写道："在萨克拉街及其毗邻的街道上挤满了豪华的商店，人们好奇地穿过，既没有什么特别想要的，也不做什么，只是等待着壮观景象的到来和浴场的开放。这使我们想到'令人厌烦的人'这一情节，贺拉斯（Horace）在其讽刺作品《漫步萨克拉街》（*ibam forte via Sacra*）之中对这一角色做了出色的描绘。这种情节在一天中要重复上千次，一年中每天如此，只有以下情况例外，当帕拉蒂尼山（Palatine）上的帝国宫殿发生戏剧性事件，或者古罗马禁卫军再次成功地震动罗马人的麻木心灵时。在罗马帝国时期，广场仍然不时地成为流血事件的表演场，但这些事件在其发生的地方几乎总是终结和耗尽其自身。而人们或许会说对于城市本身也是一样的：这些事件的后果在别处要比这里更严重。"[26]

人们在穿行时并没有具体的目的，也不做任何事情：这就像现代城市中的情况一样，在拥挤人群中的闲逛者，在不知情的情况下参与城市的机制，他们只是分享着城市形象。古罗马广场因此是一个具有非凡现代性的城市建成物，其中包含了难以言表的现代城市的一切事物。它使人们想到博埃特有关巴黎的一个评论，这个评论源于他对法国古代和现代历史的独特见解："现代的气息似乎正从这个遥远的世界吹向我们：我们感到自己并非出自于自身所处的环境，像亚历山大（Alexandria）或者安提俄克（Antioch）这类城市一样，因为在某些时刻我们感觉与帝国时期的罗马城更亲近，而不是中世纪的某些城市。"[27]

是什么将闲逛者与广场联系在一起？为什么他自在地置身于此世界里？为什么他通过城市本身而在城市中获得认同？这就是城市建成物在我们心中具有唤醒作用的奥秘所在。古罗马广场是我们所知的最具说服力的城市建成物之一：它与城市的起源密切相关；尤其令人难以置信的是，虽然它随着时间的推移而发生了变化，但其自身总是在不断生长；它与罗马的历史并行，在每一个具有浓厚历史的石材和传说中都有记载，从黑色大理石（Lapis Niger）到狄俄斯库里（Dioscuri），最后通过其格外清晰而壮丽的标识传递给今天的我们。

图 72 图拉真广场（The Forum of Trajan），罗马，公元 2 世纪初建成

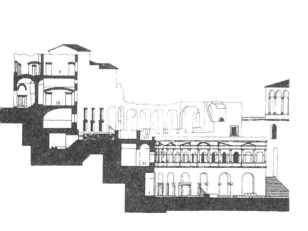

图 73 图拉真广场，纵向剖面图

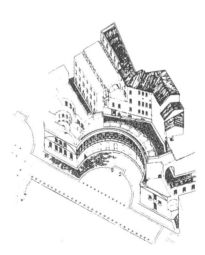

图 74 图拉真广场，轴测图

图 75 图拉真市场

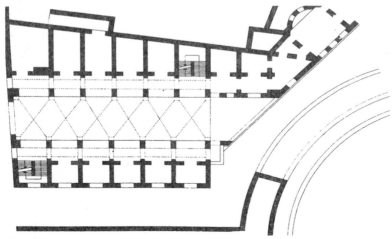

图 76 图拉真市场，覆顶的街道及其两侧商店平面图

广场是罗马的缩影，是罗马的一部分，是罗马纪念物的总和；与此同时，它的独特性比其中的单体纪念物更为显著。它表现了一种特有的设计，或者至少表现了形式世界中的一种特有见解，是一种古典的见解。它的设计也更为古老，就像原始山丘上的牧羊人聚集的山谷那样事先存在又始终如一。我也许不知道比这更好的对城市建成物的定义。城市建成物是历史，也是创造。同时，从这个意义上讲，它特别接近这里提出的理论——它是建筑学现存的最重要的课程之一。

此时此刻，区分场所和环境是恰当的，因为后者在建筑和城市设计话语中通常是可以理解的。现有的分析试图通过对建成物提出一个极其理性的定义来分析场所的问题，把它看作一个本质上复杂的，但仍然有必要努力阐明的事物来研究，这就像科学家所做的那样，即提出假设是为了阐明这个模糊不清的世界中的物质及其规律。从这个意义上来说，场所和环境并非没有关联，但是，环境似乎莫名其妙地与幻觉以及幻觉主义联系在一起。因此，环境也就同城市建筑学无关了，而只是与场景的制作相关，而场景需要与其功能保持直接的联系。也就是说，场景取决于功能必要的经久性，而功能的存在就是为了保留现有的形式和凝固生活，让我们像在消失世界中的潜在游客一样哀伤。

毫不奇怪，这种关于环境的概念被那些自称要保护历史城市的人们支持与运用，他们通过保留古老的建筑立面，或在保持原有的轮廓、色彩的条件下重建它们，以及用其他类似的方式来保护历史城市。然而当这些操作实现后，我们发现了什么？一个空洞的，往往令人反感的舞台。我所看到的最糟糕的事情之一是重建法兰克福的一小部分，其原则是将哥特式的体量置于伪现代或假古典的建筑旁边。我不知道是什么暗示和错觉达到这种程度并传递给了最初的提议。

当然，在我们谈论"纪念物"时，也许就是指一条街道、一个地带，甚至一个国家；而如果想要保留这其中的一个，那么所有的东西都应当被保留，如同德国人在奎德林堡（Quedlinburg）所做的那样。如果奎德林堡的生活呈现出一种令人着迷的品质，那么这样做是有道理的，因为这个小城是一个有价值的哥特式历史博物馆（而且是一个非凡的蕴含丰厚德国历史的博物馆），否则就没有理由保护它。关于这个主题的一个典型案例是威尼斯，然而这座城市的确值得受到特别的礼遇，我现在不想在这里做过多的讨论。这个例子已经在别处被多次讨论了，同时它需要非常具体的例子来支持。因此，我将再次回到罗马广场，并以此为出发点。

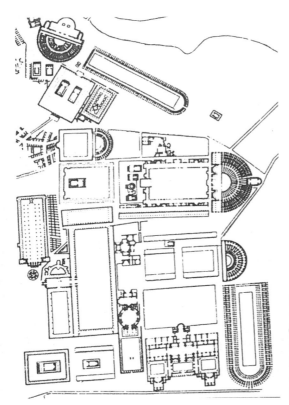

图 77 公元 3 世纪的罗马城的一部分，其中有图密善竞技场（Stadium of Domitian）、图密善剧场（Theater of Domitian）、阿格里帕浴场（Baths of Agrippa）和弗拉米尼安竞技场（Flaminian Circus）

　　1811 年 7 月，在拿破仑一世（Napoleon I）占领意大利期间，罗马地方行政长官德·图尔农伯爵（Count De Tournon）向内政部长德·蒙塔利韦伯爵（Count De Montalivet）详细说明了古罗马广场的修建计划：

　　"关于修复古代纪念物的工作，一旦有人提到这个问题，首先想到的就是广场这个著名的场所，因为广场之中聚集了大量纪念物，它们也与最伟大的记忆联系在一起。为了修复这些纪念物，当务之急就是要去掉覆盖其下部的泥土，然后把它们彼此连接起来，最终，使人们能方便而愉快地接近它们……"

　　"计划的第二部分构想了纪念物之间的连接，即通过不规则的有组织的通路把纪念物相互连接起来。我提出了一个计划，在我的指导下，制定了一种类型的连接方案，现在呈交给您……我只想补充一句，帕拉蒂尼山是一座布满了恺撒大帝皇宫壮观遗迹的巨型博物馆，它一定要包含一部分种植花园，用一个花园来围合这些纪念物，因为这里充满了记忆并且在世界上必将是独一无二的。"[28]

　　德·图尔农的想法并没有实现。这也许是因为花园的修建是以牺牲大部分纪念物为代价的，同时剥夺了我们最纯粹的建筑经验。然而由于他的想法，以及随着考古学的诞生，广场问题成为一个与现代城市延续性相关的主要城市问题。我们应当看到，对广场的研究已不再是对其中单体纪念物的研究，而是对整个群体的综合研究，不是把其中的单体建筑叠加，而是将广场视为一个完整的城市建成物，像罗马城本身那样永恒的建成物。重要的是，德·图尔农的想法得到了支持，并在 1849 年的罗马共和国得到了发展。这也表明，正是革命事件使得古代遗产被以现代的方法来解读，从这个意义上说，它与巴黎的革命建筑师的经验密切相关。然而，事实证明，这个广场的理念甚至比政治事件更为重要，它在各种兴衰变迁中存留下来，甚至在教皇的修复计划中延续下来。

当我们今天从建筑的角度来考虑这个问题时，很多展示上个世纪（指19世纪——编者注）考古学价值的议题涌上心头，即那些有关广场重建和重新统一奥古斯都广场及图拉真市场考古方面的价值的议题，然后我们就会理解有关实际上重新利用这组庞大复合式建筑群的争论。但目前来看，我们只要证明这个伟大的纪念物仍然是罗马的一部分并且概括了这座古代城市，是现代城市生活中的一个要素，以及是一个历史上无与伦比的城市建成物就足够了。它使我们联想到，如果威尼斯的圣马可广场（Piazza San Marco）和总督府一起出现在一个完全不同的城市之中，也许未来的威尼斯会是这样，如果我们发觉自己处在这个非凡的城市建成物之中，我们的情绪将同样热烈，就像置身于威尼斯感受其历史一样。我记得战后（第二次世界大战——译者注）科隆大教堂（Cologne Cathedral）在破败城市之中的景象，没有什么比这个在废墟中屹立不倒的建筑物更能激发人们的想象力。其城市周围苍白野蛮的重建工作固然令人遗憾，但它无损于这座纪念物，就像许多现代博物馆的庸俗的安排一样，会让人烦恼却不会破坏或改变展品的价值。

这种对科隆的自然联想只能从类比的角度来理解。对遭受破坏的城市中的纪念物价值的类比主要可以阐明以下两点：首先，并不是环境关系或某种幻想的品质使我们理解某一纪念物；其次，只有把纪念物理解为一个独特的城市建成物，或是把它与其他城市建成物相比较，我们才能理解城市建成物的意义。

在我看来，这一切的意义都浓缩在西克斯图斯五世所做的罗马城规划中。规划中的巴西利卡成了真正的城市场所；它们共同构成了一种结构，其复杂性源于它们作为主要建成物的价值，源于连接它们的街道，源于规划体系中的居住空间。多梅尼科·丰塔纳是这样开始他对此规划的描述的："我们的君主现在希望为人们提供便利，为那些受到信仰或誓言激励而习惯于朝拜罗马最神圣的地方的人们，特别是朝拜那七座因体现伟大圣恩和拥有圣物而著名的教堂的人们，君主已经在多处地方开辟了许多非常宽敞和平直的街道。这样，无论是步行、骑马或者乘坐马车，人们都可以从自己喜好的罗马中的任何地方出发，然后几乎是以直线的路径抵达那些最著名的圣所。"[29]

西格弗里德·吉迪恩（Sigfried Giedion）也许是理解这个规划重大意义的第一人，他如下描述道："他的规划不在纸上，就如同西克斯图斯五世将罗马城视为骨肉。他自己跋涉过朝圣者们艰难走过的必经之路，体验过圣所之间的距离；1588年3月，在修建大斗兽场与拉特朗宫（Lateran Palace）之间的道路时，他和红衣主教们一起，专程一路步行到当时正在建设的拉特朗宫。西克斯图斯五世有机地组织了街道，以适应罗马城的地形结构。他也有足够的智慧，小心翼翼地尽可能地将规划与前辈的作品结合起来。"[30]

吉迪恩接着写道，"在他自己的建筑物前，即拉特朗宫和奎里纳莱宫（Quirinal），以及在那些街道交会之处，西克斯图斯五世都预留了充足的开敞空间，足够适应后期发展的需要……通过清理安东尼记功柱（Antonine Column）的四周，以及描摹圆柱广场（Piazza Colonna，1588年）的轮廓，他创造了当今的城市中心。大斗兽场附近的图拉真记功柱连同周围被扩大的广场是连接新老城市的纽带……教皇和其建筑师的城市设计天分在他们为方尖碑的选址上再次展现出来，这个位置与尚未竣工的大教堂之间的距离恰好合适……

"西克斯图斯五世也许是把最微妙的位置留给了四座方尖碑中的最后一个。方尖碑被置于城市北边的入口处，从而成为三条主要街道[以及虽有规划却从未实施的费利塞街（Strada Felice）的最后延伸]会合的标记。两个世纪之后，人民广场（Piazza del Popolo）就在这个地方凝聚而成。唯一的另一个占据如此主导地位的方尖碑在1836年竖立于巴黎协和广场（Place de la Concorde）。"[31]

我认为，在吉迪恩上面这段论述中，西克斯图斯五世对世界建筑做出的贡献一直是非凡的，他谈论了许多远远超出规划本身的普遍性城市问题。他所做出的如下评论是很有意义的，即最初的规划不在纸上，而是产生于直接的实际经验。他的另一些评论也同样十分重要，尽管这个规划相当严格，但它仍然关注城市的地形结构。最重要的是，规划具有革命性的特征，或者说它的优点是吸收了所有的在城市中仍然有效的前人首创，并赋予了价值。

除此之外的是西克斯图斯五世对方尖碑及其选址的思考，围绕着这些标志物城市聚集而成。即使在古典世界中，城市的建筑或许也从未在创造和理解方面达到如此协调。整个城市体系因循着实际的和理想的动力路线得以构思并实现，且通过相结合的点和未来的聚集而完全被标识出来。城市纪念物的形式及其地形的形式在一个变化的系统中保持不变（回想一下提议将斗兽场改为毛纺厂），就好像随着方尖碑被安置于特定的场所，城市就已被构想处于过去和未来之中。

也许有人会提出异议，认为在以罗马为例子时我仅仅考虑了一座古代城市。这可以从两个方面来回答：首先，这个研究严格遵守这样一个前提，在古代城市和现代城市之间，在时间的前后之间不存在任何差别，因为城市被认为是一个人造物；其次，很少有现存的城市实例仅展现出现代的城市建成物——或至少这些城市绝不是典型的，因为城市的内在特征是其时代的永恒性。

我认为，城市是建立于主要元素之上的观点是唯一合理的理性原则，这是唯一可以从城市中提取的能够解释城市延续的逻辑规律。这种思想在启蒙运动中得到了拥护，却在具有破坏性的革新城市理论之中遭到了否定。人们会想到费希特（Fichte）对西方城市的批判，他在为哥特城市的公有社会（人民，Volk）特征所做的辩护中包含了对后来思想（斯宾格勒，Spengler）的保守批判，同时也包含了城市是一种命运的概念。我虽然在此并没有谈论这些有关城市的理论和见解，但是很明确的是，它们在被转变为某种城市思想之时，并没有形式上的参照，就其现代追随者而言，它们多少有意地与启蒙运动中那种重视平面布局的思想形成了对比。从这一点来看，人们还可以批判浪漫的社会主义者、法伦斯泰尔主义者（Phalansterists），以及其他提出过各种自给自足社区概念的人。这些人主张社会再也不可能体现任何先验的价值，甚至任何公共代表性的价值，因为城市的实用性和功能性的缩减（至住宅和公共设施）已经成了早期构想的"现代"替代物。

　　而我则认为，正因为城市是一个卓越集合体的实际存在，所以，它被限定并存在于那些在本质上具有集合体属性的建筑工程之中。尽管这类建筑工程是作为构成城市的手段而出现的，而且它们很快就会结束，但是这就是它们的存在和美。美既存在于建筑工程所包含的建筑法则之中，也存在于集合体对于建筑工程的渴求之中。

纪念物；批判环境关系概念的总结

　　至此在这一章中，我们主要从独特的空间和事件的角度思考了场所的理念、建筑与城市构成的关系，以及环境和纪念物之间的关系。正如我们所说，场所的概念应当成为包括整个建筑历史在内的专门的研究课题。我们还应当分析场所和设计之间的关系，以厘清作为强加的理性元素的设计，与场所和地域的自然特性之间那种似乎不可调和的冲突。这种关系引入了独特性的概念。

　　就环境而言，我们发现它是研究的一个主要障碍。环境是与纪念物相对立的概念。纪念物是由历史决定的存在，此外，它还是一种可供分析的实物，而且我们可以设计一个"纪念物"。然而，这么做需要某种建筑式样，也就是说需要设定某种风格。只有在建筑风格存在的情况下，人们才能做出基本的选择，城市就是从这个选择中发展起来的。

　　我也谈到建筑作为工艺学的问题。在任何人谈论城市问题时，工艺学的问题都不应被忽视；显然，如果形象还没有在构成这些形象的建筑中具体化，那么有关这种形象的论述就是徒劳的。建筑的扩展就是城市。超乎于其他任何艺术，建筑的基本原则是塑形，并使物质材料遵从于形式法则。城市自身呈现为一个巨大的建筑、人造物。

　　我们已试图表明，城市中存在着行迹与事件之间的对应性，但这还不够充分，除非我们把分析扩展到建筑形式的起源上。城市的建筑形式体现在其中各种各样的纪念物中，它们之中的每一个都具有自身的独特性。它们就像日期一样：先有第一个，接着是另一个；没有它们，我们无法感知时间的流逝。我们必须指出，那种认为建筑的问题仅从构成的角度就可以解决，或者通过新进发现的环境关系或环境变量所谓扩展就可以解决的想法是愚蠢的。这些想法之所以没有意义，是因为环境的特殊性正是通过建筑来实现的。任何建筑作品的独特性都是与其场所和历史一起产生的，而场所和历史本身又是以建筑物的存在为先决条件的。

　　因此，我倾向于相信一个建筑物的主要环节就是其技术和艺术上的构成，即那些自主的原则，建筑物就是根据这些原则被建成和传播的。从更普遍的意义来说，这种主要环节就在每位建筑师为解决现实问题而提出的实际方案之中，这种方案之所以是可证实的，正是因为它依赖于某些技术（这也必然构成了一种限制）。技术指建筑的手段和原则，它具有可传递和令人愉悦的能力，"我们并非认为建筑不能使人愉悦；相反地，只要按照它的真实原则来设计，它就一定能使人愉悦……一种像建筑这样的艺术，一种立刻满足我们这么多需求的艺术……它怎么会使我们不愉悦呢？"[32]

　　任何一个建筑物一经形成，一系列的其他人造物便开始出现；在这个意义上，建筑被扩展为一座新城的设计，就像帕尔马诺瓦（Palmanova）

或者巴西利亚那样。严格地说，我不能将这些城市设计当作建筑设计。它们的形成是独立、自主的：它们是具有自身历史的独特设计。但这种历史在整体上也属于建筑，因为这些城市是根据建筑技术或风格、原则以及某种普遍的建筑概念构想而成的。

没有这些原则，我们就无法评价这些城市。我们可以将帕尔马诺瓦和巴西利亚视为两个有名而非凡的城市建成物，因为它们各自具有自身的独特性和历史发展。然而，建筑物不仅体现了这种独特性的结构，而且正是这种结构肯定了构成过程的自主逻辑及其重要性。城市的根本原则之一就存在于建筑之中。

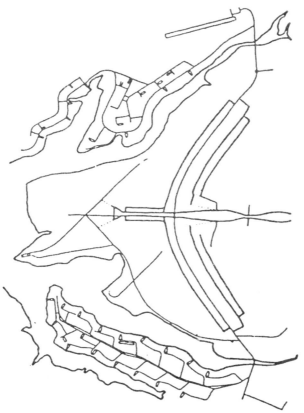

图 78　巴西利亚规划，卢西奥·科斯塔（Lucio Costa），1957 年

城市是历史

对历史的研究似乎为有关城市的某些假设提供了最好的例证，因为城市本身就是一座历史的宝库。在本书的论述中，我们已经在两种不同的观点中运用了历史的方法。在第一种观点中，城市被当作物质性的人造物，是一种随着时间推移建造而成，又保留着时间痕迹的人造物，尽管是以不连续的方式保留着。从考古学、建筑的历史以及个体城市的历史的视角来研究，城市将贡献出非常重要的信息和文献。城市成为历史教科书：实际上，在研究城市现象的时候忽视历史的做法是难以想象的，进一步说，对于理解蕴含卓越历史意义的特定城市建成物来说，历史的方法也许是理解它们唯一可行的实用性办法。在这个研究的基础部分，即讲述博埃特和拉韦丹的理论以及经久性概念的文中，我们已经阐明了这个理论。

第二种观点把历史视为对城市建筑物实际形成及其结构的研究。它是第一种观点的补充，不仅直接关注城市的真实结构，也关注城市是一系列价值的综合体的理念。因此，第二种观点关注集合的意象。显然，第一种和第二种观点是密切相关的，以至于有时可能分不清是哪一种观点揭示了事实。雅典、罗马、君士坦丁堡和巴黎所代表的城市思想超越了它们自身的物质形式，超越了它们的经久性，因此我们也可以这样来谈论巴比伦这类的城市，即除了物质形式消失以外，它们几乎无所不有。

现在，我将深入地讨论第二种观点。这个认为历史作为城市建成物结构的思想被存在于城市结构最深层的连续性所肯定，在这种深层的连续性中，某些普遍存在于整个城市演变过程中的基本特征可以被发现。值得注意的是，有实证研究背景的卡洛·卡塔尼奥，他的研究被认为是意大利城市历史研究的基础，在对城市演变的研究中，他发现了一个只有用城市的具体历史才能阐明的原则。[33] 他发现在那些城市里，"罗马人不变的地理学术馆一直附属于城市市政的城墙上"。[34]

在他关于帝国时期之后米兰城市发展的描述中，谈到了该城市相对于其他伦巴第大区（Lombard）中心所具有的优势，这种优势不是由其城市规模、拥有更多财富或人口，或者其他明显的事实来证明的。它更多的是由于城市内在的一些本质特性，这几乎是一种类型学的特点，是一种无法定义的秩序，"这种优势是城市与生俱来的，它是一种伟大的传统，先于安布罗希安教堂（Ambrosian church），先于教皇制度、帝国统治和罗马人的征服：米兰在高卢时就是都城。"[35] 而这种半神秘的秩序原则后来成为城市历史的原则，它将其自身融入文明的经久性之中："城市经久性是另一个基本事实，几乎所有的意大利历史时期都是如此。"[36]

即使在最衰落的时期，如在帝国晚期，城市就像处于半毁坏状态的尸体[37]，卡塔尼奥认为，城市不是真正的死亡，而只是处于一种震惊的状态。城市和其中区域之间的关系是城市的一个特征标记，因为"城市和它内部的区域形成了一个不可分割的整体"[38]。在战争和侵略期间，在为公众的自由而努力奋斗的时期，区域和城市的统一体形成一种超常的力量，有时区域使被毁的城市重获新生。城市的历史就是文明的历史："在伦巴第人和哥特人所统治的约四个世纪时间里，野蛮滋长……城市除了用做堡垒，没有其他价值……野蛮人连同他们荒废的城市一起被消灭了……"[39]

城市本身构成了一个世界，它们的意义、经久性被卡塔尼奥认为是一种绝对的原则："外国人惊讶地看到，意大利城市之间沉溺于互相攻击，尽管他们在国与国之间看到这样的攻击并不惊讶，这是因为他们还不了解自己的好战气质和民族性格。围绕米兰的敌意是源于它的力量，或者准确地说，是来自于它的雄心，这一点可以被以下事实证明：许多其他城市看到米兰被摧毁成为废墟的时候，它们认为不再需要害怕米兰，而是加入米兰，共同将它从废墟中重建起来。"[40]

卡塔尼奥的原则同本书中发展的许多论题相联系。在我看来，他心中的那些深层次的城市生活在很大程度上是在纪念物中找到的，而这些纪念物具有所有城市建成物的个性，就像在本书中多次强调的那样。在卡塔尼奥的思考中，一种关于一个城市建成物"原则"与存在形式之间的关系是显而易见的，人们甚至只要阅读他的论著的一部分，即关于伦巴第风格和他描述伦巴第的开始的部分，在那里土地经历了几个世纪的耕种而变得肥沃，这对他来说立刻成为了文明最重要的见证。

卡塔尼奥对米兰的大教堂广场争论所做的评论，在另一方面证明了这个复杂问题所固有的尚未解决的困难。因此，他在伦巴第文化和意大利联邦制的研究中，驳斥了所有的论点，无论是具体的还是抽象的论点——在有关意大利统一的争论中，以及意大利半岛的城市在国家构架中所具有的新旧意义的争论中。他对联邦制的研究，不仅使他避免了当时民族主义言论中所特有的一切错误，而且在认识到联邦制所面临的障碍后，他充分认识了这个新构架，城市在此架构中已经开始发现自己。

可以肯定的是，在意大利统一的时代，伟大的启蒙运动和实证主义的热情已经衰退了，但这并不是导致城市衰落的唯一原因。卡塔尼奥的方案和卡米洛·博伊托（Camillo Boito）所宣扬的地方风格能够使城市重新拥有曾经模糊了的意义，但是还存在更深层次的危机，这体现在意大利统一后对首都的选择而进行的重大辩论中。这场辩论选择了罗马。安东尼奥·葛兰西（Antonio Gramsci）对这个问题的观察是最具洞察力的："对特奥多尔·蒙森来说，他的问题为'是什么普遍思想将意大利与罗马直接相联系'，昆蒂诺·塞拉回答道：'是科学的思想……'。塞拉的回答是有趣和恰当的。在那段历史时期，科学是新的普遍思想，是人们正在精心创造的新文化的基础。然而罗马没有成为科学城市；一个伟大的工业计划曾是必要的，但是这并没有实现。"[41] 塞拉的回应，即使从根本上来说是正确的，却仍然是模糊的，最终是修辞上的策略；要实现这一目标，就应该实施一个工业计划，而不必担心会创造出一个具有现代意识且神志清醒的、准备好参与国家政治发展的罗马工人阶级。

　　即使现在的我们，对于这场关于罗马作为首都的辩论的研究仍兴趣盎然：它吸引了所有派别的政治家和学者，他们都关注城市应该成为哪种传统的存储器，以及作为首都应该将其命运导向怎样的意大利。凭借这种历史环境，某些阻碍的意义显现得更加清晰，这些阻碍倾向于将罗马描述为一个现代城市，并将其过去与欧洲其他主要首都的形象之间建立一种关系。如果把这场关于首都的辩论仅仅看作一种民族主义言论的表现——毫无疑问现在是的——意味着把这个重要的过程置于太过狭隘而难以判别的限度内；其他许多国家在不同时期，也有类似的特殊过程。

　　相反地，我们有必要研究城市的某些结构是如何被视为等同于首都模式的，以及城市物质实体这个模式之间可能存在的关系。值得注意的是，对于欧洲而言，但不仅仅是欧洲，这种模式指的就是巴黎。我们必须承认这个事实，否则就不可能理解许多现代首都的结构，如柏林、巴塞罗那、马德里，以及罗马和其他国家的结构。在巴黎，整个历史政治进程在城市的建筑中都有一个特定的转折，但是，这种关系的意义只能通过详细阐述它产生的特定方式才能被领悟。

　　像往常一样，组织城市的城市建筑与强加的理想方案或者整体计划之间的关系被构建，而且这种关系的模式是非常复杂的。当然，有一些城市确实实现了自己的意图，而另一些城市则没有。

集体的记忆

通过这些考量，我们接近了城市建成物最深层的结构，从此接近了它们的形式——城市的建筑。"城市的灵魂"成为这座城市的历史，成为市政城墙上的行迹，成为这座城市独特而鲜明的特点，即它的记忆。正如哈布瓦赫在《集体的记忆》（ La Mémoire Collective ）中所写的，"当一组人群被引入空间的一角，空间就会转化为它的形象，但与此同时，空间也会使自己屈从并适应于与之抵触的某些物质性的东西。空间把自己限定在它所构建的框架内。外部环境的形象及其与空间所保持的稳定关系，逐渐成为自身所具有的理念之维。"[42]

可以说，城市本身就是市民们的集体记忆，就像城市与实体和空间相联系的记忆一样。城市是集体记忆的场所。这些场所和市民之间的这种关系，后来成为城市的主要形象，在建筑和景观方面都是如此，随着某些建成物成为城市记忆的一部分，新的建成物就出现了。在这种完全积极的意义上，伟大的思想贯穿于城市的历史之中，并赋予其形态。

因此，我们认为场所是城市建成物的特征原则；场所、建筑、经久性和历史的概念共同帮助我们理解城市建成物的复杂性。集体记忆参与了群体工程中空间的实际转换过程，这种转换总是被与空间相对立的各种物质性实体所限定。从这个意义上理解，记忆成为整个复杂城市结构的指引线索，在这个层面，城市建成物区别于艺术，因为后者是为其自身而单独存在的一种元素，而最伟大的建筑纪念物必然与城市紧密相连。"……问题出现了：历史是如何通过艺术发声的？历史主要是通过建筑纪念物来实现的，这是权力的意志表达，无论以国家还是宗教的名义。一个民族只有他们认为需要用形式来表达自己的时候，才会对一个巨石阵感到满意……因此，整个国家、文化和时代的特征都是通过建筑的整体性来表述的，这个整体是它们存在的外部形象。"[43]

最终，在某种城市理念慢慢展现的过程中，城市本初就已使自己成为了一种终结，这种证据是有意地从人造物自身中展现出来的。在这种思想中，还存在着个人的作用，从这层意义上来说，并不是所有的城市建成物都是集合体。然而，城市建成物集体的以及个体的属性最终构成了同样的城市结构。结构中的记忆，就是城市的意识，这是一种理性的活动，通过最大程度的清晰性、经济性，以及已被认同了的协调性，呈现出其发展过程。

关于记忆的工作方式，令我们感兴趣的主要是实现和解释这两种模式。我们知道这两种模式依赖于时间、文化和环境，因为这些因素共同决定了模式本身，正是在它们之中我们可以最大程度地发现客观现实。有许多场所，无论是大的还是小的，它们之中的不同的城市建成物都不能通过其他方式来解释，这些场所的形状和愿景几乎是与固有的个性相对应的。例如，我在思考托斯卡纳（Tuscany）、安达卢西亚（Andalusia）等城市和地区，普遍的共同因素怎么能解释这些场所显著的差异呢？

历史的价值被视为集体记忆，被视为集合体与其场所的关系，它帮助我们领会城市结构的意义、个性，以及表达其个性的形式，即其中的建筑。这种个性最终与一种初始的人造物联系在一起——从卡塔尼奥的原则来看，它既是一个事件，也是一种形式。因此，过去与未来的结合恰好存在于城市的理念之中，这种理念的表达方式与记忆流经一个人的生命的方式相同。另外，为了实现这一目标，这种理念不仅必须塑造现实，而且也被现实所塑造。这种塑造是一种永恒的方面，是一个城市独特的建成物、纪念物，以及我们有关这种塑造理念的永恒方面。它也解释了为什么在古代，城市的建立成为了城市神话的一部分。

雅典

雅典的历史学家们试图给他们的国家列出一列国王的名单，他们推断出在埃里克托尼俄斯（Erichthonios）统治时期，他是第二位拥有神奇身世的远古雅典人，另一个是凯克洛普斯（Kekrops）……据称，埃里克托尼俄斯建造了前面提及的雅典娜·波利亚斯神庙，在内部设立木质的女神像，并且他也埋葬在该地点……也许，他那意味深长的名字，着重表示一个"克托尼亚（chthonian）"，即来自地下的生灵，名字原本的意思不是指一个统治者，也不是指我们这个地上世界的国王，而是指在鲜为人知的传说中提到的，在古代秘密宗教仪式中被崇拜着的孩童……根据原始生灵的名字，雅典人把自己称为凯克洛普斯之子（Kekropidai），但也依据埃里克托尼俄斯这个国王和英雄的名字，称自己为埃里克托尼俄斯的后代（Erechtheidai）。[44]

这一节是专门讲历史的，但是却从一个神话的回顾开始，这似乎有些奇怪，因为这个神话出现在我们不能不提及的一个城市的历史之前：雅典。雅典是科学城市建成物的第一个明显的例子，它体现了从自然到文化的过渡，这种在城市建成物核心的过渡，是通过神话传达给我们的。当神话成为神庙建筑中的物质性事实时，城市的逻辑原则已经从与自然的关系中显现出来，并且成为被传播的经验。

因此，城市的记忆最终回溯到了希腊，在那里城市建成物与思想的发展相一致，同时想象力成为了历史和经验。我们分析的任何西方城市都起源于希腊，如果说罗马负责提供城市主义的一般性原则的话，那么遍及罗马世界的城市都是按照理性图式建造的，而希腊则展示出城市构成的基本原则，以及城市美景的类型、城市建筑的基本原则，而这个起源已经成为我们城市经验的一个常态。罗马人、阿拉伯人、哥特人，甚至现代城市都有意识地模仿这种经验，但有时只是渗透到它美丽的表面。城市里的一切都是集体的，也是个体的，因此，真正的城市审美意向植根于希腊城市，植根于一系列无法再现的环境之中。

图 79 卫城山门（Propylaea），雅典

图 80 阿波罗·帕特鲁斯神庙（Temple of Apollo Patroos），雅典

图 81 帕特农神庙（The Parthenon），雅典

图 82 雅典。伯里克利（Pericles）时期雅典城的大致平面图，公元前 5 世纪中期，居住区，打点；周围的公共建筑，涂黑

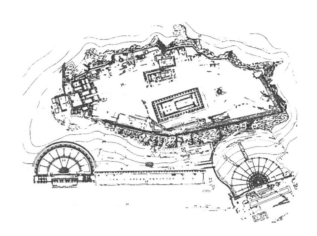

图 83　雅典卫城（Acropolis）平面图。其中的主要建筑物：1. 拜乌莱门（Beulé Gate）；
3. 胜利神庙（Temple of Athena Nike）；4. 卫城山门；11. 帕特农神庙；12. 古风时期的
雅典娜神庙（Archaic Temple of Athena）；14. 伊瑞克先神庙（Erechtheum）；16. 罗
马和奥古斯都神庙（Temple of Rome and Augustus）；26. 酒神剧场（Theater of
Dionysus）；32. 欧迈尼斯柱廊（Stoa of Eumenes）；33. 阿迪库斯音乐厅（Odeum of
herodos Atticus）；34. 输水道（Aqueduct）

　　希腊艺术和希腊城市的这一现实，是以某种神话以及与自然之间的
关系为前提的。我们必须对古希腊世界的城邦进行详细考察，才能对此进
行更广泛的研究。在任何这样的基本研究上，我们必须站在卡尔·马克思
（Karl Marx）非凡直觉的基础上，他在《政治经济学批判》（Critique of
Political Economy）的一段文字中将希腊艺术视为人类的童年时期；马克
思的直觉令人意外之处是，他把希腊看作"正常的童年"，把它与其他古
代文明进行对比，区分那些"童年"背离人类命运的古代文明。这种直觉
也再次出现在其他学者的工作中，被准确地运用于解释城市建成物的生命
和起源：

　　"然而，困难并不在于理解希腊艺术，以及与某些社会发展有关
的史诗。困难在于，它们仍然给我们带来了审美的愉悦，并在一定程

度上被认为是不可企及的范本。一个人不能再一次变成孩子，否则他就是幼稚的。但是他自己不喜欢孩子的天真吗？难道他自己不需要在更高的层次上努力去再现孩子的真诚吗？每一个时代，其本质特征不是孩子本性中自然的真实性吗？为什么人类历史上的童年不应该被展现得最美丽、发挥着永恒的魅力，即使这是个一去不会复返的阶段？这里存在教养不好的孩子和早熟的孩子。许多古代的民族都属于这一类。希腊人是正常的孩子。对于我们而言，希腊艺术魅力与它发展所处的社会不发达阶段并不相互冲突。相反地，它的魅力与未成熟的社会条件密不可分，而这种不成熟的社会条件导致了它的产生，而且只有这种永远不会重现的社会条件才能促使它的产生。" [45]

我不清楚博埃特是否知道马克思的这段话，无论如何，在描述希腊城市及其形成的过程中，博埃特感到有必要将其与埃及和幼发拉底河的城市区分开来，后者正是马克思所说的模糊不清、未充分发育的婴儿时期的例子。博埃特的看法使我们无法抗拒地回想起贯穿于人类历史之中的有关雅典的神话：

"雅典确实给我们提供了城市的经验，与那些我们在埃及、幼发拉底河和底格里斯河的山谷中的城市经验不同，在它们之中唯一的构成元素是神性庙宇和君主的宫殿。然而，在雅典，除了神庙——尽管它们与前面提及的文明有很大的不同——我们发现，城市中的原始元素可以表现为：自由政治生活的机构 [城市议会（boule），城邦市民会议（ecclesia），最高法院（areopagus）] 以及与典型的社会需要相关的建筑物（健身房、剧场、体育场、演奏厅）。像雅典这样的城市表现出更高层次的人类公共生活。" [46]

在雅典的结构中，那些我们称作主要城市建成物的元素，在这里被有效地定义为城市的原始元素：也就是神庙以及政治和社会生活机构，它们

图 84 雅典卫城中的皇宫方案，卡尔·弗里德里希·申克尔（Karl Friedrich Schinkel）设计，
1834 年

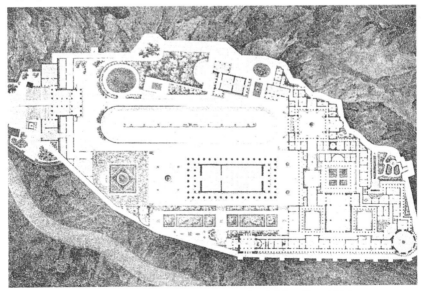

图 85 雅典卫城中的皇宫方案平面图，卡尔·弗里德里希·申克尔设计，1834 年

分布在居住区域的不同地方，而且在居住区域中持续地演变着。住宅也在古希腊城市形成中发挥着积极的作用，并且构成了一个设计基调，我们可以通过住宅来解释城市中的重要建成物。

为了更深刻地理解希腊城市的价值，以及它作为一个城市建成物在后来的历史中贯穿始终的现代性，回顾希腊城市的初始结构是一种有效的方式，尤其是与其他城市进行对比，也包括与罗马的城市进行对比。在其复杂的政治构成之外，就博埃特所说，希腊城市的特点是由内部向外发展，城市的构成要素是它的庙宇和房屋。只有在古风时期之后，纯粹出于防御的原因，希腊的城市才被城墙围合，因此，城墙绝不是城邦的主要元素。与此相反，东方城市的城墙和大门是它们的圣所，是构成城市的基本要素，城墙之内的宫殿和庙宇都被其他的墙体围合着，像一系列连续的围墙和防御工事。同样的边界原则也被传播到伊特鲁里亚和罗马文明。但是希腊城市没有任何神圣的界线，它是一个场所、一个国家，它是其市民的住所，因而也是他们的活动场所。它的起源并不是一个君主的意志，而是一种与自然的关系，这种关系是以神话的形式出现的。

但是希腊城市的这个特点——我再说一遍，这是一个无与伦比的典范——如果不考虑另一个决定性的因素，我们就不能完全地理解其特点。这个因素就是城邦，其中的居民虽属城市但大多分散在乡村。城市与区域的联系是极其紧密的。这里引用卡塔尼奥的另一个陈述是有益的，因为他对城市性质的探究尤其给希腊城市的构成带来很大的启示。对卡塔尼奥以及博埃特来说，东方城市城邦的不同命运看起来也是非常清晰，它们只不过是"巨大的围墙中的居所"以及"与周围环境没有联系"的城邦。[47]

卡塔尼奥凭直觉得知，东方国家的围墙内的居所与其周围的区域是完全分离的，而在意大利，"城市与其区域形成了一个不可分割的整体"[48]。"城市是最官方、最富有、最奔忙的居所，这种乡村对城市的依附，确立了一个政治性的角色，一种基本的、持久的和不能分解的形态。"[49] 我们不知道，卡塔尼奥在自由的公共城市和希腊城市之间的类比进行得有多深入，因为他没有对此进行过多的论述。但是，这种历史学家的直觉和城市的实际结构之间的一致性，给城市建成物的科学带来了积极的影响。这种城市与地区之间的联系，不正是雅典作为希腊民主城市和城邦国家的特征吗？

雅典是一个由市民组成的城市、一个城邦国家，它的居民分散地居住在一个适当大小的、与城市紧密相连的区域。尽管阿提卡（Attica）地区的许多中心都有地方政府，但是它们并没有与城邦竞争。"城邦一词既指城市，也指国家，最初被应用于雅典卫城。雅典卫城是原始的庇护、祭拜和政府之所，正因为如此，也就成为雅典人聚集的原点。雅典卫城，以及国家意义上的整个城市——这就是城邦一词的双重意义。"[50] 起初，城邦是指雅典卫城，"astu"这个词通常被用来表示居住区域。

雅典的历史沧桑证实了这一基本事实，那就是团结雅典市民与城市的纽带本质上是政治及管理层面的，而不是住宅层面的。雅典人对城市的问题不感兴趣，除非是在普遍的政治和城市观点层面上的问题。罗兰·马丁（Roland Martin）关于这个问题的观察是正中要害的，他指出正是因为这种把城市视为国家以及雅典人场所的概念，使得对于城市组织最初的反思是一类纯粹的理论的反思。也就是说，他们一直在推测城市的最佳形式，以及最有利于市民道德发展的政治体制。[51] 在这个古老的体制中，城市的物质方面似乎是次要的，城市好像是纯粹的精神场所。也许希腊城市建筑非凡的美感应该归功于这种理智的特性。

然而，正是在这一点上，它似乎离开了我们，脱离了我们的生活经验。鉴于罗马在其共和国与帝国的历史进程中，展现了现代城市所有的反差与矛盾，雅典或许以一种现代城市鲜有的鲜明特征，仍保留着最纯粹的人类经验，这种特定环境的具体体现是永远无法再现的。

图 86a 建于第二帝国时期的典型巴黎资产阶级公寓立面图，出自 1858 年的一本英国杂志

第四章
城市建成物的演变

城市是各种力量的作用场；经济学

像所有的城市建成物一样，城市只能通过对空间和时间的精确参照来定义。虽然现今的罗马和古典时期的罗马是两个不同的建成物，但我们可以看到将它们联系起来的经久性现象的重要性。尽管如此，如果我们想要解释这些建成物的转变，必须始终关注非常具体的事实。共同的经验证实了那些最深入的研究结论：一座城市每隔50年就会发生彻底的改变。一个在城市里生活了一段时间的人会逐渐习惯这个转变的过程，但这并没有否定这个结论的正确性。所有时期的文学都对城市形象进行了丰富的描述和记录，而且常常怀旧地哀叹城市面貌的改变。

当然，在某些时期或者某段时间内，城市会转变得极其迅速——在拿破仑三世（Napoleon III）统治下的巴黎，以及成为意大利首都的罗马——这些变化是冲动的，同时也显然是难以预料的。突变、转变、微弱的改变——所有这些变化都需要不同的时间长度。某些灾难性的现象，例如战争或侵略，可以非常迅速地推翻看似稳定的城市局势，而其他变化则往往需要较长的时间，并通过单个部分和要素的连续变化而实现。在所有的情况下，许多力量发挥着作用并施加于城市，这些力量可能是经济、政治或其他性质的。因此，一个城市可能会通过自身的经济福利而改变，经济福利会使生活方式发生巨大的转变，或者城市也可能会被战争摧毁。不论是否考虑巴黎和罗马在刚刚所提及的时代中的变化，柏林和古罗马的毁灭、伦敦和汉堡被大火烧毁后的重建，以及第二次世界大战中的轰炸，在每种情况下支配变化的力量可以是独立的。

分析城市也让我们看到这些力量是如何发挥作用的。例如通过契约登记我们可以研究房地产的历史，从中可以发现土地所有权的先后顺序，以及追踪某些经济趋势。再如土地被大型财团收购，这种情况无论何时发生都会使大量土地的细分终止，并且使大面积土地用于完全不同的项目。还必须阐明的是这些力量的准确表现方式，此外，最重要的是它们的潜在影响与实际产生效果之间的关系。

如果我们研究土地风险投资的本质，例如纯粹作为某种经济规律的表现，我们可能会确立其内在的一些规律，但这些只是一般性质的规律。此外，如果我们试图用同样的方法寻找为什么这些风险投资力量的应用对城市的结构有如此不同的影响，我们将不太可能得到解答。以下两种事实更加有助于理解作用于城市的这些力量：第一，城市的性质；第二，这些力量引起转变的具体方式。也就是说，从我们的角度来看，主要的问题并不是认识这些力量本身，而是首先去了解这些力量是如何应用的，其次，去了解它们的作用是如何产生不同变化的。这些变化一方面取决于力量的本质，另一方面取决于当地的环境，以及它们所产生的城市的类型。因此，为了认识城市转变的模式，我们必须在城市和作用于它的力量之间建立起一种关系。

在现代，大多数的这些转变可以在规划的基础上加以解释，因为规划构成了那些使控制城市变化的力量得以体现的具体形式。对于规划，我们指的是那些由市政当局所承担的工作，或是自发的，或是对私人团体提议的回应。私人团体规定、协调并作用于城市的空间外貌。我们已说过规划特指一种现代的现象，但事实上，城市自其创建以来，通常就已受到规划的控制，而且一部分依规划而发展；城市建成物的集合体属性本身就意味着某种规划的存在，这种规划出现在发展的开始阶段或进程中。

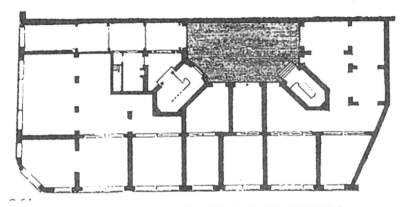

图 86b 建于第二帝国时期的典型巴黎资产阶级公寓的底层平面图。此层用于商业

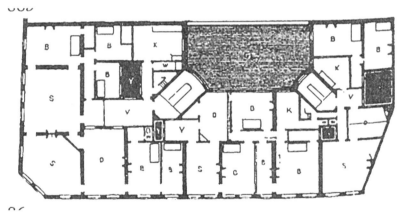

图 86c 建于第二帝国时期的典型巴黎资产阶级公寓二层平面图，本层包括三户。B 卧室；C 院落；D 客厅；K 厨房；S 大厅；V 前室；W 浴室；Y 带有采光井的走廊

　　从结构的角度上，我们也已经看到了这些规划的影响力与其他城市建成物的力量相同，从这个意义上说，它们也构成了一个开端。经济力量往往对规划产生主要的影响作用，研究它们的应用是有趣的，特别是考虑到我们在这个问题上有充足的资料。在资本主义城市中，经济力量的应用表现在土地风险投资上，它是城市发展机制的一部分。在这里，我们感兴趣的是探讨风险投资与城市发展类型之间的关系，以及这种关系如何影响城

市的形态——换句话说，城市建成物的组成是否或在何种程度上取决于经济关系。我们了解像规划制定、土地征收和土地风险投资这些作用于城市的力量，但它们与实际中的城市建成物之间的关系是高度复杂的。

在这一章中，我想特别讨论与城市相关的两个不同的论点，并把它们作为基本参考。第一个论点是由莫里斯·哈布瓦赫提出的，他分析了土地征收的本质。哈布瓦赫认为，经济因素从本质上在城市演变中占据主导地位，直到它们让位于更普遍的规则。但是，他断言，从经济学的观点出发，通常会导致误解，产生把头等重要性归因于普遍条件出现的特定方式的错误。在他看来，经济条件的产生是必然的，不会因为它们是在一个而不是另一个特定的形式、地点或时刻出现而改变其意义。

为此，经济因素的总和未能充分解释城市建成物的结构。那么，怎样才能解释它们的独特性呢？哈布瓦赫试图通过研究城市的社会群体来回答这个问题，他把城市的建设与城市状态的关系归结于集体记忆的复杂结构体系。在他有关巴黎土地征收本质的研究中，《巴黎的土地征收与价格（1860 —1900 年）》[*Les expropriations et le prix de terrains à Paris（1860—1900）*]，这本书可以追溯到 1925 年，同年，在《记忆的社会环境》（ *Les cadres sociaux de la mémoire* ）一书中，哈布瓦赫把他的科学训练作为出发点，以巧妙的方式分析统计信息，就像他在其《工人阶级需求的演变》（ *L'évolution des besoins dans les classes ouvrières* ）中做的那样。[1] 基于这些前提的城市研究，很少可以做到如此严谨。

我要提到的第二个论点是汉斯·贝尔努利（ Hans Bernoulli ）的观点。贝尔努利认为土地私有制及其分配是现代城市主要的弊害，因为城市和其占据的土地之间的关系应该具有一种根本的、不能分解的特性。因此，他主张土地应恢复到集体所有。由此，他对城市结构的论述延伸到一些建筑本质的考虑。他认为住宅、居住区和公共设施都非常依赖于土地的使用。这个观点从立论到论据都非常清晰明确，显然涉及了城市问题的主要范畴之一。[2]

数位理论家都提出过关于国家对财产所有权的主张，即废除私有财产，私有财产构成了资本主义城市与社会主义城市之间的本质区别。这一立场是不可否认的，但它与城市建成物有关吗？我倾向于相信它确实如此，因为城市土地的使用和可用性是根本问题，然而所有制似乎只是一种条件——诚然是一种必要的条件，但不是决定性的条件。

在众多基于经济学的观点中，我之所以选择哈布瓦赫和贝尔努利的观点是因为他们的观点具有明晰性并且与城市实体相对应，我相信它们可以为城市建成物的性质提供有价值的见解。然而，归根结底，在经济力量和条件的背后及以外，是选择的问题，这些选择本质上是政治性的，只能根据城市建成物的总体结构来理解。

莫里斯·哈布瓦赫的观点

在研究的开始[3]，哈布瓦赫从经济学的角度来思考大城市的土地征收现象。他首先提出了一个假设，以此他可以使用科学的方法分析土地征收，将其脱离于它们的环境；也就是说，他假定这类现象拥有自身的特点，并构成一个同质的团体。因此，他可以对不同案例进行比较，而不必顾虑它们之间的差异性。土地征收的原因，无论是偶然的（例如火灾）还是正常的（荒废）或是人为的（土地风险投资），对他来说，都不会改变其结果的性质。这种结果依然处于拆除或建造的情况，纯粹而简单。

　　然而，土地征收并不是以一种同质化的方式出现在城市的所有部分中，它完全改变了某些城市区域，而对另一些区域却更加尊重。这似乎是必然的。此外，为了获得一种完整的认识，我们有必要考察不同区域之间的变化，只有通过对一些区域不同时期概况的研究，我们才能测量出发生在空间和时间上的主要变化。

　　这些值得注意的变化至少具有两个特征。第一个特征与个人的作用有关，也就是说，某个特定人物本身所施加的影响；第二个特征仅与所给定的一系列人造物的先后顺序有关。哈布瓦赫写道："一条街道被称作'朗布托（Rambuteau）'大街，一条街道被称作'佩雷尔（Péreire）'大道，或一条街道被称作'奥斯曼（Haussmann）'林荫道。人们绝不会认为是在向那些为公共利益服务的伟大的投资者或管理者表示敬意……这些名称只是其起源的标记。"[4]

　　当市政提案与公众所确认的需求和已讨论过的提议相关时，许多力量和因素便会发生作用，其中包括意外的力量或因素。另外，如果政府不能代表人们的意愿（如巴黎在1831—1871年间所出现的情况），那么，我们应当把城市最重要的因素归于美学、卫生、城市战略的理念或者是某一或若干掌权人物的实践观念。从这个角度来看，大城市的实际组成可以看作是不同集团、个人与政府提议之间博弈所产生的结果。以这种方式，各种不同的规划被叠加、综合以及遗忘，所以今天的巴黎就像一张拼合的照片，可以通过路易十四（Louis XIV）、路易十五（Louis XV）、拿破仑一世（Napoleon I）和奥斯曼男爵（Baron Haussmann）时期的形象再制造一个单幅图像。毫无疑问，未完成的街道和某些荒僻的被忽视的地区是许多项目的多样性和相对独立性的证据。

　　我们提到的第二个特征与一系列人造物出现的顺序有关。纵观历史进程，总是存在推动土地建设、获取和出售的力量，但这些力量是按照提供给它们的特定万向来发展的，并遵从它们必须满足的某些规划要求。这些方向可能会突然改变，往往以人们意想不到的方式发生；但是，当正常的经济力量在本质上不能被轻易改变的时候，它们对变化的反映强度或许会很大程度地增强或减弱，但不是出于严格意义上的经济原因。

奥斯曼认为，对于巴黎的转变，除了其他因素以外，尤其存在一些战术上的原因，例如拆除那些不利于集结军队的地区。这样的做法如果出现在一个独裁的、不受欢迎的政府中并不奇怪，其他的做法也是类似的，例如工人阶级就业的吸引力和投机商的美好前景，对于一个政体来说是同等有益的。这种政体通过提供最大程度的物质繁荣，寻求它所提供的最小政治权利的补偿。因此，巴黎在这种政体下的大规模土地征收，可以从政治基础上进行解释：执政党对于革命党、资产阶级对于工人阶级取得明显压倒性的胜利。

在巴黎的革命时期，另一个有关特殊历史环境作用的典型例子是在移民和神职人员不动产国有化之后进行的重要林荫大道的规划。艺术家委员会只是简单地在地图上标出了这些道路的位置，以利用那些新获得的大量国有土地。因此，巴黎转变的研究与法国历史的研究紧密相关，城市转变的形式共同取决于它的历史以及某些个人的行为，这些个人的意志担当着历史的力量。

土地征收法案似乎与发生在财产变更初期其他法案的性质不同。与这个假设相关的是土地征收法案通常不会单独出现，它们不太关注这条街或那一组与整个系统相连的住宅，这些只是其中的一部分。土地征收法案参与的是城市的发展趋势。

就一切以历史因素作为巴黎转变的解释而言，也存在其他合理的解释，即那些将土地征收的经济因素与其他经济因素联系起来的解释。我们提到了神职人员不动产的国有化，当然，并不是艺术家委员会所设计的所有街道都实现了，但是征收修道院土地本身是一个经济问题。这些土地的属性构成了城市发展的障碍，即使在它们的物理形式上也是如此，乃至在不同的情况下，它们很可能会被国王没收或以类似的方式被神职人员出售，这种情况就像之后在铁路的修建中发生的那样。

正如哈布瓦赫所指出的那样，一种普遍性情况产生的精确方式并不那么重要，一种情况产生于其必然性，它的意义是不变的，因为它产生于一个特定的形式、地点和时刻，而不是另一个。上述观点同样适用于奥斯曼规划，以及我们所引用的支持它的所有军事、政治和美学观点。军队集结本身不是改造街道的原因，街道的形式、经济特性也不是，因此它不再需要被更多地解读，就像化学家无需解释他的实验中所使用的试管的形式和尺寸一样。即使秩序、卫生或美学动机介入，它们并没有导致任何可以在经济学基础上加以解释的重要变化，因此经济学家无需关心它们。无论是这些因素起到一定的影响作用因而不能忽视，还是在彻底的研究之后排除了所有经济原因，它们的存在可以被认为是具有某种"剩余作用"。

这种土地征收的纯经济性假设，建立于土地征收相对于单体建成物、政治历史之间的独立性之上。此外，由于土地征收具有快速和综合的特性，其不同的组成部分被同时而不是先后实现，这是一个可以揭示前一时期中力量的方向和影响的完整行为。因此，土地征收所表现的具体方式并不重要，即使从法律的角度来看也是如此。

当集体需求的意识形成并变得清晰时，整体行动就可以产生。显然，集体意识可能是错误的；城市可能在没有任何扩张趋势的地方进行土地城市化，或者在没有实际需要的地方修建街道，这样匆忙创造的街道就会被遗弃（造成错误的原因有很多，例如因为紧急的原因而创建一条街可能会导致其他类似的建造产生）。因此，土地征收本身经历着一个正常的进化过程。

相应地，哈布瓦赫并不认为土地征收是异常或超常的现象，而是选择将其作为城市演变中典型的现象加以研究。因为通过土地征收和其直接结果，人们可以分析城市土地经济趋势的演变，这种演变趋势表现为一个合理的浓缩的综合形式，土地征收的研究为考察高度复杂的整体现象提供了清晰可靠的研究角度。

由于哈布瓦赫论点的重要性，这里总结一下其中最基本的三个要素：

1. 经济因素与城市设计之间的关系以及它们的独立性。

2. 个人对城市变化的贡献、性质及其局限性，因此，这也指某种精确的、由历史决定的、引起一种情况产生的方式及其普遍原因之间的关系。

3. 城市演变作为一个社会秩序的复杂事实，这种事实往往是根据高度精确的法律和发展方向而产生的。

在这三点以外，我应该补充一点，土地征收作为一个决定性因素在城市演变的动态过程中所起作用的重要性，这是哈布瓦赫确立的基本研究领域中的一个有价值的概念。

对土地征收性质的进一步思考

根据哈布瓦赫的观点，我们可以研究许多不同的城市。在米兰[5]这个地区的研究中我做了一些类似的尝试，强调了在城市的连续进化中某些明显偶然事件的重要性，比如战争和炮击的破坏性影响。我相信它可以表明，而且在此项研究中已经试图这样做了，这类事件的发生只会加速业已存在的某些趋势，仅对其进行局部修改，却使一些意向更快地实现。这些意向预先存在于经济形态之中，而且还会在其他方面产生物质性效果——毁坏和重建——通过一个过程作用于城市实体，这个过程实际上几乎与经历战争没有什么区别。尽管如此明显，研究这些事件，是因为它们以快速和残酷的方式出现，让人们看到一系列影响，这些影响比土地所有权和城市房地产遗产演变产生的一系列历史连续事实的结果更为生动、直接。

这种类型的现代研究得益于对城市规划研究的大力支持——城市扩张规划、发展规划等方面。这些规划实际上与土地征收密切相关，没有土地征收，这些规划是不可能实现的，而土地征收也是通过这些规划体现出来的。哈布瓦赫强调的关于巴黎的两个重要规划——艺术委员会规划和奥斯曼规划（在这两个案例中，这些规划的形式与绝对君主制下许多规划的形式并没有本质的区别）——这种观点适用于大多数城市，即使不是适用于所有城市的话。我曾在其他研究中试图关联米兰城市形态的演变，例如将其与最初由玛丽娅·特蕾莎（Maria Theresa）、之后由奥地利约瑟夫二世（Joseph II）、最终由拿破仑完成的改革联系起来。这些由经济驱动的措施和城市设计之间的关系是显而易见的。最重要的是，它表明了与建筑物形式相关的土地征收这个主要的经济事实的重要性。它也揭示了土地征收的本质——暂时忽视它们的政治方面，也就是说，它们是如何被一个阶级而不是另一个阶级利用的，这是城市整体发展的必要条件，是城市社会运动的深层根源。

米兰的拿破仑规划[6]是欧洲最为现代的规划之一，尽管它派生于巴黎艺术家委员会，它的物质形式说明了奥地利政府对教会财产所进行的一系列长期的征用与剥夺。因此，此规划只是一种特定的土地征收实例的精确建筑形式，并且可以以此对其进行研究。在这些限制中，如果它们可以被描述为限制，我们的研究将受益于新古典主义文化的理解，受益于不同个性的建筑师路易吉·卡尼奥拉（Luigi Cagnola）和乔瓦尼·安托里尼（Giovanni Antolini），以及受益于一个不受经济原因支配的完整系列的空间方案。这些方案先于此规划，并融于此规划之中。

图 87 1801 年米兰城的平面图，左上方为乔瓦尼·安托里尼（Giovanni Antolini）设计的波拿巴广场（Bonaparte Forum）方案

这些空间方案的相对自主性可以这样来衡量，依据它们在后续规划中存活下来的顽强程度，或与之前规划相关联的牢固程度，但不会促进经济转型。因此，拿破仑大道（strada Napoleone）在那时被称为但丁街（via Dante），它的成功在城市生活的动力之中是完全可以理解的。同样的动力使得伯鲁托（Beruto）规划在该市的北部地区获得成功，却在城市南部地区失败了，原因是它的规划假设太先进，或是脱离经济现实太远。

奥地利约瑟夫二世在1765—1785年的20年间采取了镇压宗教团体的行动，经济活力随即断然迸发。这种情况是政治和经济的双重问题。米兰以及其他一些城市，甚至西班牙，盛行着耶稣会、宗教法庭以及数不清的奇怪的教会组织，对这些组织的镇压，不仅意味着向城市和现代发展更进一步，而且具体表明了米兰城市在采取以下行动上的可能性：统辖大面积城市化土地、使街道系统化并且改变其不规则的形态，以及建设学校、学院和花园。公共花园的修建紧靠着上议院和两个修道院的花园。

波拿巴广场当然不是一个建筑必需品，但它产生于城市的需求，城市需要通过为当权的新资产阶级建立一个商业中心，使得城市自身拥有一个现代化的面貌。这个需求与广场的形式以及为其选址时其具体的地形、建筑和历史条件无关。

安托里尼的理念是纯粹形式上的，但就其自身而言，在一个完全不同的政治背景下，在伯鲁托规划中格外突显地得以再生。只是又一次由于经济方面的原因，商业中心不再是波拿巴广场，因此，由于城市建成物的复杂特性，这个规划对城市的均衡产生了不同的影响。我想强调的是，这种经济方面的影响独立于其设计之外。

从相反的方面，哈布瓦赫发展其理论的方式可以帮助我们感知那些理论中普遍出现的困惑，即理论的提倡者们所提出的那些完全不科学的假设，那些忽视了城市建成物的性质，同时指责无情的强拆和宏大的规划等的假设。从哈布瓦赫的观点来看，当仅仅是从设计的基础进行判断时，人们可能会，也可能不会赞同巴黎奥斯曼规划——尽管设计自然是至关重要的，它也确实是我在此想要考虑的方面——但是，我们可以看到同样重要的是，奥斯曼规划的本质与巴黎那些年的城市演变有关。从这个角度来看，这个规划是有史以来最伟大的成功之一，不仅仅是因为一系列的巧合，更重要的是，因为这个规划精确地反映了历史上那个时间点的城市演变。

奥斯曼的街道建设是根据城市发展的实际方向，以及对于巴黎在国内和国际背景中角色的清晰认知而开展的。有人说巴黎对法国来说太大了，同时对欧洲来说却太小了，这说明了一个事实，即人们不能总是从一个规划中所包含的城市条件出发来评判城市的规模或者规划的作用，无论这个规划实际上是否成功。因此，一方面，有巴里、费拉拉、黎塞留（Richelieu）这样的城市；另一方面，也有巴塞罗那、罗马、维也纳这样的城市。前者中，规划已经经历了时间的影响或者已经仅仅成为了一个象征、一个没有被转化成现实的倡议，除了偶尔在建筑或街道上体现；在后者中，规划已经传播、引导，并常常加速推进那些作用于或者即将作用于城市行动的推进力量。在其他情况下，规划倾向于以一种特定的方式着眼于未来，例如一项在其构想时被认为是不可行的规划，其最初的表现是遭到反对，但在后期可能会恢复元气，这表明它的远见卓识。

当然，在许多情况下，经济力量、规划发展与设计之间的关系并不容易界定，一个非常重要的且鲜为人知的例子就是塞尔达（Cerdá）在1859年为巴塞罗那所做的规划。[7] 这个规划详尽且合理，采用了非常先进的技术，并且完全适应于加泰罗尼亚首府中紧迫的经济变革，但是它对城市人口和经济发展的预测太过宏伟。这一规划没有依照其应有的内容实现，或者从严格意义上说，它根本没有实现，但它仍然决定了巴塞

图 88 波拿巴广场方案剖面渲染表现图，米兰，
乔瓦尼·安托里尼，1801 年

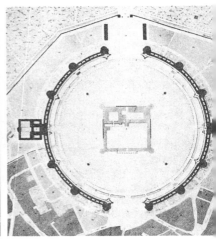

图 89 波拿巴广场方案平面图，米兰，
乔瓦尼·安托里尼，1801 年

图 90 提契诺门（Porta Ticinese），米兰，路易吉·卡尼奥拉（Luigi Cagnola）

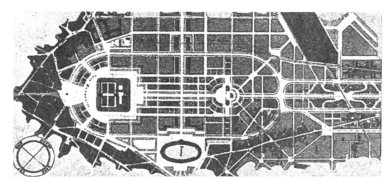

图 91a 城堡地区的规划方案 a，由工程师切萨雷·伯鲁托（Cesare Beruto）设计，他是米兰城最初总体规划的设计者，1884 年

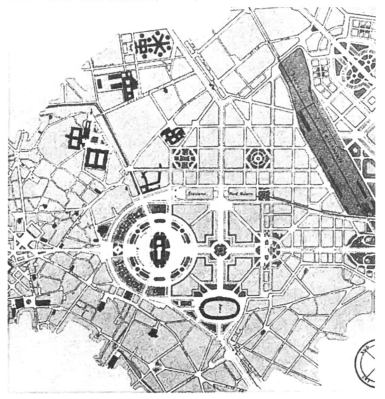

图 91b 城堡地区的规划方案 b，由工程师切萨雷·伯鲁托（Cesare Beruto）设计，他是米兰城最初总体规划的设计者，1884 年

图 92 维托里奥·埃马努埃莱大街（Corso Vittorio Emanuele），米兰，20 世纪初期

罗那后续的发展。事实上，塞尔达规划之所以没有实现，正是因为它的技术愿景对于当时来说太过先进，而且它提出的解决方案所需要的城市发展水平远远高于现有的水平。当然，它比豪斯曼规划更为先进，不仅对于加泰罗尼亚资产阶级，而且对于其他任何欧洲城市来说，它本就是难以实现的。

简单地描述一下该规划的主要特点，它的可行性是建立在一个可以综合城市的通用方网格之上，就像豪斯曼规划一样，这个方网格内，容纳的是一个由地区和居住核心组成的自主体系。因此，该规划不仅预先假定了更先进的技术，而且也以一定的政治条件为前提，而这些恰好是规划中存在的不足之处，就像规划中所预测的自主的住宅综合体，它们需要更高的管理水平，在 20 世纪 30 年代，它们由西班牙当代建筑艺术家和技术人员小组（GATEPAC）进行了部分复兴。

与此同时，正如奥里奥尔·博伊斯（Oriol Bohigas）所恰当指出的那样，该规划是站不住脚的，因为它预设的密度非常低，这一假设完全违背了地中海城市的生活方式和特有的城市结构。然而，规划中将群岛或者城市街区[8]改造成大型综合体，并采用矩形建筑的通用原则，最终使这个规划很好地迎合了风险投资的目的。正因为如此，这个规划只能以一种庸俗化的形式得以实现。人们在此案例中可以看到设计与经济状况之间的关系是多么复杂——恰恰相反的是，这与哈布瓦赫的论点并不矛盾。

后来，巴塞罗那城依据自身的能力而发展，而塞尔达规划也被用来应对这一发展；这个规划没有能力去改变这个城市的政治经济目标，仅仅是个与之相符的借口或外观。然而，这个规划的重要性在于它代表了这个城市历史上的一个时刻，并被视为理应如此，与巴塞罗那的经济力量无关。

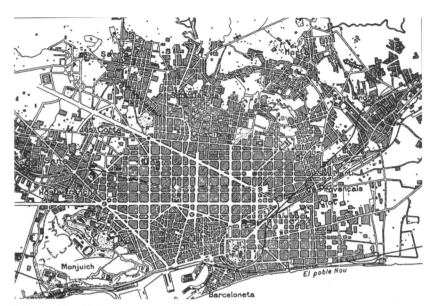

图 93 巴塞罗那城平面图

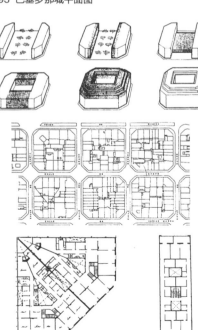

图94 伊尔德方索·塞尔达(Ildefonso Cerdá)规划中准备扩大的巴塞罗那地区的街区，1859 年。上图：一个典型街区的密度渐增。中图：1969 年一房产图中的若干街区。下图，左侧：一个转角建筑平面图，劳里亚路 80 号，胡利·M·福萨斯·马丁内兹（ Juli M. Fossas i Martinez ），1907 年；右侧：卡萨·拉马德里公寓（ Casa Lamadrid)，赫罗那街道（ Galle Gerona) 113 号，路易·多梅内克·I·蒙塔内尔（ Lluís Domènech i Montaner ），1902 年

正如我们所说的，由于城市是一个复杂的实体，它自然可以与为它所做的规划相一致（有时这种一致性是如此完美），或者与规划不一致。当不一致时，这是由于规划的缺陷，或者是由于城市本身所处的特殊历史状况所致。无论哪种情况，这种关系都只能在实际发展情况之外进行判断。因此，在评价埃斯特公爵对费拉拉的规划时，应该脱离其未能实现和缺乏发展的缺点来判断；否则，我们不得不说，这些缺点使得这个规划毫无价值。

另一个明显的例子是巴里的城墙规划（Muratti plan for Bari）[9]，这正是一个哈布瓦赫所定义的典型土地征收的例子，和在别处一样，这个规划在这里是以一系列精确的政治和历史环境为特征的。这种情况中令人觉得有趣的是，这个规划产生于波旁（Bourbons）王朝并于1790年被批准，在后来的发展中虽然历经了各种各样的变化，但其一直持续到1918年。在这里也是如此，时至今日，该规划在不利于风险投资之处及有利于孤立街区的地方经历了各种改变，但是，这个规划幸存下来，不仅仅是作为一个可以让历史学家辨认的印象，而且作为城市的具体形式；这个规划构成了巴里的典型模式，并以老城与现代城墙围合区域的分离为特征，这种形式也很容易在普利埃塞（Pugliese）的其他城市中辨认出来。

与此同时，合理的观察发现，我们不仅要研究城市如何发展，还要研究它们如何衰落；从这个角度来看，我们可以沿着与哈布瓦赫相同的路线进行研究，但是以相反的方向。例如，与重要的红衣主教联系在一起的黎塞留市[10]，其城市的迅速衰落伴随着这个人物在政治舞台上的消失，这种看法是毫无意义的；他可能是促成建立并实际创立这个城市中心的人，但是之后这个城市本应该能够根据自身的意愿进行发展。几个世纪以来，某些大城市以及小城市的衰落对这些城市的结构进行了不同方式的改造，却没有破坏它们原有的品质；否则，我们不得不说，像黎塞留和皮恩扎（Pienza）这样的城市从来没有城市生活，因为它们是由人造的城市发展而来的。

华盛顿特区（Washington, D. C.），或者圣彼得堡（St. Petersburg）也可以如此来进行讨论。我认为城市之间规模上的不同，往往是极度的不同，在此并不重要；事实上，它证实了这样一个事实，如果我们想要为这个问题找到一个科学的框架，就必须在研究城市建筑物时忽略其规模。圣彼得堡在创立时可以被看作是沙皇的一个武断行为；俄国在莫斯科和现在被称作圣彼得堡之间持续的两极分化表明，后者发展到首都的地位并继而成为伟大的世界都会并不是偶然的。这种增长的实际情况可能与莫斯科的下诺夫哥罗德（Nizhnii Novgorod）衰落的事实一样复杂，或者举另一个例子，米兰的崛起使其在一段时间后地位优于帕维亚和其他伦巴第城市的地位。

土地所有制

在《城市及其土地》（*Die Stadt und ihr Boden*）[11] 一书中，贝尔努利阐明了最重要的也许是根本的城市问题之一 —— 一个对城市发展构成强大约束作用的问题。这一谦逊的研究，比随后出现的大多数关于这个问题的研究更为清晰与基础，贝尔努利关注两个主要的问题。第一个问题不仅关注私有地产所有权的消极特征，而且也关注了土地极度细分的后果；第二个问题与第一个问题紧密相关，它阐明了这种情形发生的历史原因及其在超出某种限度之后对城市形式的影响。

贝尔努利认为，无论是乡村土地还是城市土地，其土地所有权趋向于建立在细分的基础上；乡村中古怪的田野形状，相当于城市不动产复杂且往往不合理的组织形式：

"……每一次革新，都会立即引起产权边界的纠纷，这些边界自古就被划定，而与那些犁和耙所沿循运行的农田边界具有完全不同的性质，但同样是根深蒂固和不可动摇的。这些土地不仅被石头包围，还被石头建筑所占据。正如人们所知道的那样，那些应当被建设的新街道和新建筑要比原有狭窄的、蜿蜒的街道和破旧的房屋好得多，但是除非解决不可避免的财产冲突，否则什么也不能实现。这些都是需要耐心和金钱解决的长期冲突，而且最初的意图往往会在进行的过程中变形。" 12

在很大程度上，法国大革命这个历史事件开创了城市土地的分割过程。在 1789 年，土地变得可以进行自由出让，这使得贵族和神职人员向中产阶级和农民出售了大量土地。但是，正如所有贵族的土地权利基本上都被解除了一样，法兰西第一共和国的土地也同样如此，因此，大量的国有土地解体了。土地垄断变成了私有制；土地就像其他东西一样成为一个可交易的实体：

"……土地轻易地从社区里划分出去，落入精明的农民和机灵的市民手中，迅速成为了真正实在的风险投资目标……城市本身再次处在转折的路口，土地私有制的权利充分体现在新建筑的建设中。新的时代，作为意外唤醒的另一场工业化运动，为地主提升他们所拥有的土地价值提供了一种几近无限的可能性。" 13

虽然这个分析非常理性和清晰地描述了城市历史在这个确切时刻的情况，但是必须用下面的论据来反驳它。贝尔努利认为，土地细分的弊端是法国大革命的具体后果之一，或者至少是由于当时的革命者不了解他们正在转让的巨大的公共资产——那些公共的土地应该作为集体财产，以及那些贵族和神职人员所有的大片土地应该由社区没收和持有，而不是细分给私人所有者——从而危害城市（以及乡村）的合理发展。另外，在没有发生这种情况

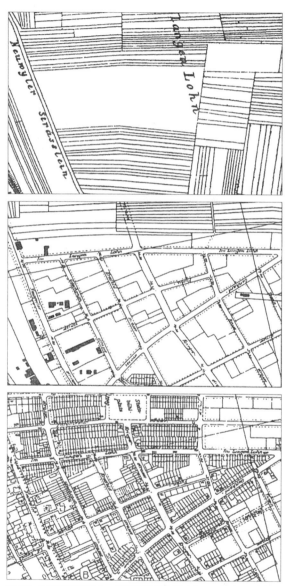

图 95 土地组织和细分，体现在巴塞尔城（Basel）郊区演变过程中，瑞士。上图，1850 年。中图，1920 年。下图，1940 年。土地最初用于农业，接着被重新划分用于建房，最后被细分为建筑地块。根据汉斯·贝尔努利（Hans Bernoulli）的研究绘制

的地区，如包括柏林在内的德国大部分地区，也出现了这种现象并产生了类似的后果。在实施亚当·斯密（Adam Smith）提案的时候，1808 年的柏林财政法允许政府出让土地用于清偿政府债务，并"尽可能自由地，不可撤销地"[14] 允许土地转换为私人所有，这里的土地,现在也是一种可交易的商品，并且成为经济垄断的目标。黑格曼 [15] 在他对柏林近代发展历史的叙述中，大胆地描绘了土地私有制对城市和德国工人造成的可怕后果，直至警察总长的声名狼藉的 1853 年总体规划，标志着著名的"柏林庭院"的开始。

贝尔努利的解释和其他这一类的所有论点虽然在很多方面都有很好的启迪意义，但必须从另外两个方面加以批评。首先，这个分析的有效性随着时间的推移而变化。也就是说，它解释了某些显著的特征，但并不是资本主义 - 资产阶级城市的决定性特征。其次，这些特征受制于一般经济规律，即它们无论如何都会发生，因此在我看来，这实际上是城市发展的一个积极环节。总之，土地的分割，一方面导致了城市的衰退，但另一方面实际上促进了城市的发展。

我们可以再次回到哈布瓦赫的结论，其理论阐述了我们不需把一种情况产生的确切方式当作最重要的方面；它的产生是必然的，不会因为其产生于某一种而非另一种形式、地点及时刻，而发生意义上的改变。我们刚才看到，大量的土地征收和城市土地的细分增加，成为法国大革命和拿破仑占领时期的核心问题，然而这些现象在哈布斯堡王朝（the Hapsburgs），甚至波旁王朝的改革中已经有了明确的先例，最终，它们甚至出现在像普鲁士这类相当保守的国家之中。

总而言之，这些现象的产生是根据所有资产阶级国家都要服从的普遍规律得来的，因而其具有积极的意义。大片土地的划分、征收和新的土地注册制度的形成，这些都是西方城市演变所必须经历的经济阶段。城市之间的差异在于这个过程发生的政治环境不同，只有在政治选择方面，才存在着显著的差异。

　　事实上，在这一点上，不能忽视像贝尔努利和黑格曼这样的社会主义者的空想观点。这些作者用一种历史和经济的方法，呼应了威廉·莫里斯（William Morris）的浪漫主义和现代建筑运动的所有起源。黑格曼抨击出租公寓（Mietkasernen）的方式也值得注意——也就是说，他并没有从一个卫生、技术和美学的视角，质疑这些大型出租公寓与小住宅在本质上有什么不同。维也纳和柏林的居住区（Siedlungen）也受到同样的批评，这种批评是以复兴某些地方特色的形式出现的。显然，这些学者总是求助于哥特城市或霍恩佐伦（Hohenzollerns）的国家社会主义——这些情况，从城市的观点来看必然会被取代，甚至为此所付出的代价有可能使情况变得更糟。

　　浪漫社会主义的提及，引发了我对贝尔努利观点的第二个方面的批评，这与一种见解有关，即现代城市主义的问题是由城市与工业革命的历史关系所决定的。在这一见解中，大城市问题的出现被认为是与工业革命开始的时刻一致；在此之前，城市问题被视为性质上的不同。在此前提下，人们产生了这样的争论，即浪漫社会主义所具有的慈善和理想的创始力其本身是积极的，它们甚至构成了现代城市主义的基础，它们是如此重要以至于当它们消失时，城市文化便与政治问题相脱离，因而城市文化在为统治阶层服务时，更多时候是纯粹地被技术过程所塑造。在此，我只想关注这个论点的第一部分，因为本书不仅讨论了这个论点，并且从其所提出的假设条件上否定了它的第二部分。我认为，大城市的问题先于工业革命时期，并且与城市本身密切相关。

　　正如巴尔特（Bahrdt）所指出的那样，反对工业城市问题的争论在工业城市诞生之前就产生了；在那个时候，带有浪漫色彩的争论只开始于伦敦和巴黎这些已形成的大城市。城市问题在这些城市中持续存在，这明显地证明浪漫主义者将城市主义的弊病——真实的或推测的弊病——归因于工业的发展是错误的。[16] 此外，在 19 世纪初的几十年里，杜伊斯堡（Duisburg）、埃森（Essen）和多特蒙德（Dortmund）都是人口不足一万人的小城市，而在米兰和都灵这样的大型工业城市，还不存在工业问题。莫斯科和圣彼得堡也是如此。

乍看之下，令人觉得难以理解的是大多数城市历史学家能够将浪漫主义者的论点与弗里德里希·恩格斯（Friedrich Engels）的分析相一致起来。恩格斯的观点是什么？简单地说，即是："大城市已经使社会有机体患了急性疾病，在乡村是慢性的，而这样做就已经阐明了问题的实质和治愈的方法。"[17] 恩格斯并没有说工业革命之前的城市是天堂，而是对英国工人阶级的生活条件提出控诉，他强调大型工业的崛起只会使原本已经难以忍受的生活条件更加恶化，以及让这个事实更加明显。

因此，大型工业崛起所带来的后果并不是一个关系到大城市的特定问题，而是一个与资产阶级社会有关的事实。因此，恩格斯否定这种类型的冲突可以在空间方面得到解决，他批判的证据可以在奥斯曼方案中找到（在这个方案中，英国城市进行着清理贫民窟的尝试），以及在浪漫主义者的方案中找到。这意味着恩格斯也否定了这样一种观点，即工业化的现象必然与城市化联系在一起；事实上，他认为空间创造性可以影响工业过程是一个纯粹的空想，而且实际上说这是一种复古保守的主张。我认为在这个主张上再加任何东西都是错误的。

住房问题

恩格斯关于住房问题的论述进一步证明了他对社会经济与城市关系的立场。这里的立场是明确的。他认为把解决社会问题的重点放在解决住房问题上是一个错误；住房是一个技术问题，在某一特定地点的基础上，它可能会解决也可能不会解决，但它并不是工人阶级所特有的问题。以这种方式，恩格斯证实了我们前面的观点，即大城市的问题先于工业时代。他写道："住房短缺不是目前所特有的，与所有早期受压迫的阶级相比，它甚至不是现代无产阶级所特有的一种痛苦。相反地，所有受压迫阶级在所有时期都或多或少地经历着同样的住房短缺的痛苦……"[18]

现在众所周知的是，一旦古罗马这座城市达到了一个大都市的规模，住房问题和其他固有的所有问题与今天城市中的问题一样严重。它的居住条件是令人绝望的，我们可以从古代作家的描述中得出，住房这个问题是最重要的，也是最基本的；从尤利乌斯·恺撒（Julius Caesar）到奥古斯都，直到罗马帝国的晚期，这个问题一直都是如此。这种类型的问题在中世纪也持续存在，浪漫主义所描述的中世纪城市的景象与现实完全不符。从资料、相关描述以及哥特式的遗迹中可以清楚地看到，在人类历史中，这些城市中受压迫阶级的居住条件是最悲惨的。

从这个意义上讲，连同法国大都市工人阶层的全部城市生活方式一道，巴黎的历史也是具有典型性的。这种生活方式是大革命的特征性和决定性因素之一，它一直持续到奥斯曼规划的出现。从这个观点出发，无论人们如何判断，奥斯曼规划中的拆除是有进步意义的；那些对它拆除19世纪的城市感到恼怒的人，总是忘记它代表这样一种主张，即它肯定了启蒙运动的精神，即使这种主张是煽动性的和单一诉求的，并且老城中哥特地区的生活条件在客观上是难以忍受的，毫无争议它们应该被改变。

但在学者的立场上，这种含蓄或明确的道德倾向并没有阻止像贝尔努利和黑格曼这样的学者用科学的观点来看待城市。任何一个严谨地从事着城市科学研究的人们不会察觉不到，最重要的结论来自于那些自身专注地致力于研究一个城市的学者：巴黎、伦敦和柏林与这些学者有着不可分割的联系，他们的名字是博埃特、拉斯姆森[19]以及黑格曼。在这些研究中，许多方面都存在着不同，其中一般规律与城市的具体要素之间的关系是可以效仿的。值得注意的是，如果对每一个分支科学来说，专题著作为它的特定对象提供了一个更大的远景，城市科学的例子毫无疑问地呈现出优势，因为在某种程度上，城市与艺术品的概念相关，专著中强调的整体要素是城市所特有的，否则它就可能有成为僵化的或不透明的，甚至在更普遍的分析中存在失去特征的危险。

从这个意义上讲，贝尔努利的优点之一就是他的研究从来不会忽视与城市建成物的关系。他把每一个一般性的陈述都与特定的城市建成物联系起来，尽管这样，他也从未完全成为一个历史学家，这种分析在刘易斯·芒福德（Lewis Mumford）的著作中最令人信服的部分中也是如此。贝尔努利在他自己的定义中，把城市看成一个建构的实体，每个元素在总体规划中都具有自己的特性，并且可以与其他元素有所区别。

土地和建筑物之间的关系几乎超越了经济关系的范围，也许正是由于这个原因，它从未被完整地阐述过。在现代运动理论家的论战中，居住区作为一个单元的处理，让人回想起早期历史学家对于大型建筑群的理论；重要的是，在寻求城市论战的历史基础的时候，现代主义者将目光投向了文艺复兴时期的伟大理论家，尤其是列奥纳多·达·芬奇和他所做的城市规划，他的规划包含一条地下道路、一条运送货物的地下运河以及位于地下层的服务设施，加之在住宅首层水平面上供步行交通的街道网络。在列奥纳多的方案之后，出现了一个典型的继承性方案，即亚当兄弟（Adam brothers）在伦敦的阿德尔菲（Adelphi）居住区的方案，它与前者的继承关系仍值得进一步研究。

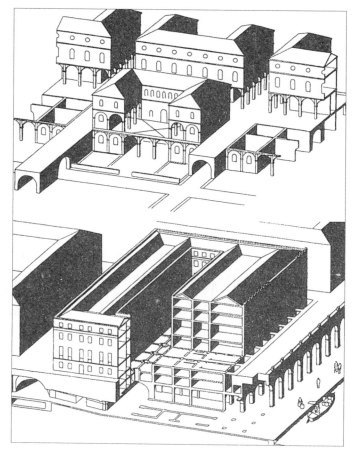

图 96 阿德尔菲地区（Adelphi district），伦敦，由詹姆斯·亚当和罗伯特·亚当（James and Robert Adam）设计。它建于 1768—1772 年间，毁于1937 年；根据达·芬奇的草图设计。轴测图表现出不同层面上的道路系统：下层道路系统由供货车通行的开敞道路和用于服务的地下街道组成，它们连接了建筑群的地下层，地下层也通向泰晤士河的装卸码头。为行人服务的上层道路系统通向首层的各个公寓，并有可以俯瞰泰晤士河的平台。根据汉斯·贝尔努利的研究绘制

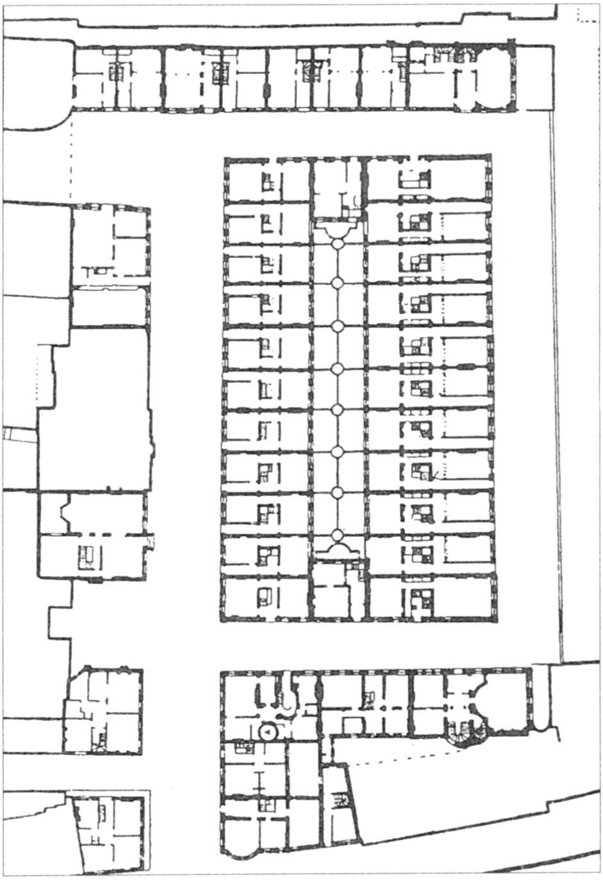

图 97 阿德尔菲地区，伦敦，由詹姆斯·亚当和罗伯特·亚当设计，1768—1772 年间的首层平面图。根据施泰因·埃勒·拉斯姆森（Steen Eiler Rasmussen）的研究绘制

阿德尔菲街区位于伦敦市区与威斯敏斯特区之间的斯兰德街以南，亚当兄弟从土地的所有者圣奥尔本（St. Alban）公爵那里获得了建造的权利。这个地区足够大，能够容纳一个内部可以建设多层道路系统的建筑综合体，其中较低层的街道会与泰晤士河岸相接。阿德尔菲方案就是这样被描述的。但它只在这些方面是重要的吗？除了是一个具有巨大尺度和强烈理性冲动的独特设计之外，列奥纳多的方案还能被视为其他的什么东西吗？

在贝尔努利看来，列奥纳多的方案并不完全是在其他一些雄心勃勃的文艺复兴宣言的领域——那些宣言是在自然、工程、绘画和政治的范围内，将城市创作为一个至高无上的艺术品。列奥纳多的方案与这样的理想方案大不相同，因为它已经存在于城市之中了—— 一个带有了假定关系的真实城市——就像贝利尼和威尼斯画派的广场一样真实。它与城市的实际经验联系在一起，并给卢多维科·伊尔·莫罗（Lodovico il Moro）时期的米兰提供了具体的形式，就像那个大医院，它把费拉莱特（Filarete）的设计转换成一种具体的形式，如运河、水坝和新街道都是具体的形式。没有一个城市像文艺复兴时期那样被如此完整地建构起来。我已经强调过建筑既是行迹又是事件，并且是基于一个优于功能的秩序。这正是米兰大医院的情况，这当然与列奥纳多的构想不无关系，即使在今天，这些城市中的构成元素依然没有改变其重要性。

两个半世纪后，亚当兄弟发现，若抛开此举的所有实际困难，有可能建造城市的一个完整部分，建造一个真实的城市建成物。但也许这一工程并不那么异乎寻常，它更确切地表明，出于对住房问题的回应，或许可以以一种特殊的方式产生一个重要的主要元素。

城市规模

　　在前面的部分中，我们已经指出表征城市特点研究中的几种误解：就城市建成物发展的真正动力而言，见于一般的或习惯的方法过分强调工业发展的重要性；脱离城市的实际背景将问题抽象化；某些卫道士的观点所引起的困惑，阻碍了城市研究中科学思维习惯的形成。尽管这些曲解和偏见大多不是源于一处，也没有形成一套清晰的系统理念，但它们涉及许多模棱两可的东西，而且值得我们用更长的篇幅来探讨它们的某些方面。

　　被武断地虚构出来的解释现代城市起源的许多论点成为了各种有关技术和地区研究的前提。[20] 这些论点趋于指向今天"城市"一词的有疑问的本质；有人认为，这个问题本质上是随着工业化的兴起而从城市物质和政治的同质化中产生的。工业化作为所有邪恶和美好的根源，成为城市转型中的真正主角。

　　根据这些论点，工业引起的变化经历了三个特征性的历史阶段。第一阶段，也就是城市转型的起源，是以中世纪城市的基本结构的破坏为特征的。中世纪城市基于工作场所和居住场所之间的绝对一致性，都存在于同一建筑物内。因此，生产和消费为一体的家庭经济的结束时刻到来了。这种对中世纪城市生活基本形式的破坏导致了连锁反应，最终的衍生结果将被完全地体现在未来的城市里。在同一时期出现了工人的住房、批量的住房和出租性住房。只有在此时，住房问题才成为一个城市和社会问题。这一阶段在空间上的独特标志是城市面积的扩大，伴随着住房和工作地点开始在城市中稍微有所分离。

第二阶段是决定性的阶段，其特点是工业化的逐步扩张。它使住房和工作场所彻底分离，并破坏了它们以前所有的与邻近区域的关系。第一种集体工作的出现就伴随着对住房的选择，因为住房不总是紧邻工作场所。与这种演变并行的是生产商品的工作场所和不生产商品的场所之间的分离。生产和管理是被区别开来的，进而劳动分工最确切的含义产生了。由于工作场所的分离，英文字面含义的"downtown"（中心市区），导致已有越来越多相互联系需求的办公机构之间，产生了特定的相互依赖性。例如一个工业建筑群的管理中心，寻求邻近银行、行政和保险而不是生产场所。起初，当仍有足够的空间时，这种集中出现在城市的中心。

城市转型的第三阶段始于个人交通工具的发展和所有种类的公共交通工具对工作场所的充分效率。这种情况的发展是由技术效率的不断增长和公共管理机构在交通设施中的经济参与所导致的。居住场所的选择变得越来越独立于工作场所。与此同时，位于城市中心的服务活动变得成熟并获得头等重要性，人们在邻近的乡村地区寻求住房的倾向变得越来越强烈。居住场所的选择变得越来越不依赖于工作的场所。市民搬进任何一个他想去的地区，引发了乘车上班族的现象。现在，居住和工作的关系从根本上与时间紧密联系在一起，它们成为时间的函数。

这种类型的解释是包含了真实和虚假元素的一个持续的混合体。它在对人造物的描述中具有最明显的局限性，它对城市动态描述陷入了一种"自然主义"的解释，即人类的行为、城市建成物的构成以及城市的政治选择都被认为是无意识的。出于对某些合理性的和技术上重要性的考虑，其结果导致了城市计划（例如减少拥挤以及工作与住所关系的实际问题）作为目的而不是手段，事实上作为原理和法规而不是工具。最重要的是它制造了许多令人困惑的假设，这些假设基于一个轻率的和图示化的断言、系统解释与不相干方法的混合视角。

在关于城市的解释中，主要的论点大部分是与住房问题和规模相关的。考虑到本研究的范围，对于第一个问题，我已经做了充分的讨论，特别是关于恩格斯的观点。第二个问题，关于城市规模的问题，它需要非常广泛的分析，在此，我打算只讨论它的几个主要方面，因为它们与目前为止所提出的论点直接相关。

对规模问题的正确处理应该始于对场地或区域主题的研究和介入。我在本书的第一章已经讨论过这个问题，在对城市建成物的场所和品质的讨论中再次提到了这点。当然，这一领域的研究也可以应用于其他意义，例如在有效规模的意义上。在这里，我想说的规模仅仅是指被一些人视为"新型城市规模"意义上的规模。

近年来，在城市学者和研究城市的社会科学家眼中，城市的超常发展和人口的城市化、人口的集中、城市面积的增加等问题都占据着重要的地位。这种规模增大的现象在大城市普遍存在，在一定程度上是随处可见的；在某些情况下，这种现象具有超常的波及面。因此，戈特曼（Gottmann）用大都市带（megalopolis）[21]一词来定义位于美国波士顿和华盛顿以及大西洋和阿巴拉契亚山脉之间的东北沿海地区，芒福德在此之前已经创造并描述了这个词。[22] 但如果这是最耸人听闻的城市规模增长的实例，那么出现在欧洲各大城市中的扩展现象也是一样惊人。

这些扩张本身构成的现象，也必须被加以研究；关于大都市带的各种假设都带来了令人感兴趣的材料，这无疑将有助于对于城市的进一步研究。以此看来，城市区域的假设可能真的成为一个有效的假设，随着它更加有助于阐明以往假说不能完全解释的情况，它将变得越来越有价值。

然而，我们想要争论的是，这种"新的规模"可以改变城市人造物的实质。可以想象，规模的变化会在某种程度上改变城市人造物，但它不会改变其品质。诸如城市星云（urban nebula）之类的术语可能在技术语言中很有用，但它们解释不了什么；然而，即使它的发明者强调了他用这个词"解释城市结构的复杂性以及缺乏明晰性"，他尤其对美国生态学家中的某个学派的论点产生了争议：他们认为"有组织的核心、空间被限定且与相邻区域不同等陈旧的城市概念，是个失去了生命力的概念"，而且他们想象"这个核心正在溶解，形成一个或多或少的胶状组织，城市被经济区域乃至整个国家所吸收。"[23]

美国地理学家拉特克利夫[24]的视角与我们不同，他也反驳和否定了流行的观点，即大都市问题是规模问题。将大都市问题简化为规模的问题意味着完全忽视城市科学的存在，换句话说，就是忽视城市的实际结构及其演变的情况。我在这里所提到的认识城市的方法涉及主要元素、历史上形成的城市建成物，以及具有影响的区域，它们使我们可以对城市的发展进行研究，这样的研究中规模变化不影响城市发展的规律。

在我看来，建筑师对"新规模"的不恰当诠释，也可以通过一些更具象的提议来解释。值得回顾的是，在辩论一开始的时候，朱塞佩·萨莫纳（Giuseppe Samonà）告诫建筑师们要避免这种错误，即太过轻易地被一种增加城市规模的看法所引导从而将他们的项目做成巨型建筑的错误。"在我看来，这是毫无可能的"，他说道，"去发展任何有关巨型空间参数的理念。实际上，在这种情况下，我们从一个一般的视角找到了自己，人和他的空间以均衡的比例和某种关系展现出来。这种关系与古代的相似，只是在今天的关系中，所有的空间尺度都比 50 年前那些较为固定的空间尺度要大。"[25]

政治选择

到目前为止，在本章中，我们已经提出一些问题，它们从根本上与城市动力的经济问题有关，或者由这些经济问题诱导而衍生出来，这些问题并没有出现在前几章的讨论中（或只是部分地出现过，在讨论特里卡尔的分类系统时稍稍地提到过）。我是以描述和评论两个论点开始的：一个是哈布瓦赫的论点，他的研究显著地增加了我们对城市以及城市建成物本质的了解；另一个是贝尔努利的论点，他是一个机敏而有智慧的理论家，他研究的是现代城市最广泛争论的问题之一。这两位学者引入了本研究中反复出现的几个讨论的要素，这些要素有待于学者们的重新检验。贝尔努利拓展了他在土地所有权与城市建筑之间关系的论点，很快得出了一个科学的城市概念；同理，若从设计的角度出发，在现代运动的同一思潮中像勒·柯布西耶和路德维希·希尔伯塞默（Ludwig Hilberseimer）这样的建筑师兼理论家也得到同样的结论。

在前几页中，我们还提到了像贝尔努利和海格曼这类学者的浪漫主义观点，以及他们的道德主义如何因他们对现实研究的失效而终结。他们的道德主义在很大程度上对他们作为辩论家和革新者的身份有所裨益。我认为，在我们对城市理论家的研究进行评价时，道德主义的组成部分不能轻易地从中去除，因为这样做是武断的。

恩格斯的立场无疑是一个更容易维持的立场；他从外部，也就是说，从政治和经济的视角，来解决这个问题。从这个有利于观察的视点告诉我们，问题并不存在。这一结论可能显得自相矛盾，但这也是他论点中最清晰的部分。当芒福德指责恩格斯的论点是建立在富人占有好房这个未经核实的假设上时，其论点即如果住房能够合理地分配，那么现存的住房已经足够，芒福德对恩格斯的思想进行了严重的曲解，尽管他在实质上再次肯定了恩格斯论点的价值。[26] 另一方面这并不奇怪，恩格斯的论点并不是基于对城市的研究，它不可能在这些条件下得到发展，因为它纯粹是来源于政治方面的推断。

当我们试图用城市问题的全部术语去理解城市问题的复杂性，并将每个特定解释反溯到城市结构整体性的时候，可能会遭到反对。我们未能解释是什么构成了城邦的第一个事实，在我们关于城市建筑的观念中，是政治。换句话说，如果城市建成物中的建筑就是"城市的建设"，那么作为决定性要素的政治怎么能不出现在此建设中呢？

然而，基于在这里提出的所有论点，我们不仅肯定了政治的相关性，而且认为它是最重要的，甚至是决定性的。政治成为了选择的问题。最终选择城市形象的不是城市本身——而总是且只是其政治制度。认为这种选择是无足轻重的说法是将问题陈腐地简单化。雅典、罗马和巴黎是它们的政治形式，是它们集体意愿的标志，这并不是无足轻重的。

当然，如果我们把城市看成一个人造物，正如考古学家所做的那样，然后城市的所有东西都是其发展过程的标志，但这不能削弱这一事实，即会存在对这一发展进程的不同评价，以及对政治选择的不同评价。但政治在这里，直到现在看来似乎与这种城市的论述无关或者是相距甚远，这使它有自身的面貌，在关键时刻以恰当的方式呈现自身。

城市建筑——正如我们多次重复的那样，是人类的创造物——就其本身而论是意志的体现，因此，文艺复兴时期的意大利广场不能以其功能或机遇来解释。虽然这些广场是城市形成的一种手段，但最初作为手段的这些元素往往会成为目的，最终它们就是城市。因此，城市使其本身成为自己的目的。它本身就存在于自己的建成物之中，除此事实之外，没有其他的解释。这种存在的方式意味着某种以特定方式存在并以这种方式延续的意愿。

这种"方式"构成了古代城市的美丽，它一直是我们城市规划的一种范式。某些功能、时间、地点和文化在改变城市建筑的同时，也改变了我们的城市，但是，当且仅当这些改变以事件和证据的形式发生作用时才有价值，才能使城市自身呈现出来。我们已经看到出现新事件的时期是如何使这个问题变得特别明显，并且只有当许多恰当的因素同时发生才能产生一个真正的城市建成物，而城市自身则实现了自我意识，并且将它存储在石头里。但这种实现必须始终以其出现的具体方式来评价；在城市建筑中，机遇元素与传统元素之间有绝对而明确的关系，就像普遍规律与实际元素之间的关系那样：

在每个城市中都存在着特殊人格；每个城市都拥有由古老传统、生命感受和未了之愿所构成的人性灵魂。然而，城市仍然不能脱离于城市动力学的一般性法则。在特殊情况的背后存在着一般性条件，而其结果是没有任何一个城市的生长是自发性的。更确切地说，一般性条件正是通过许多组团分布在城市不同区域的自然趋势实现的，因此我们必须解释城市结构的改变。

最后，一个人不仅是一个国家和一座城市的居民，而且是一个非常精确而被界定的场所的居民。虽然城市改变也意味着其居民生活的改变，但是人们的反应不能被简单地预测或者推断；试图这样做将会像朴素功能主义对待形式一样，把物质环境归结为决定论。只有遇到困难时，反应和关系才被孤立地进行分析，它们必须在城市建成物完整的结构下进行理解。这种困难也许甚至会导致我们在城市发展中寻找某个非理性的元素。和任何艺术品一样，城市是非理性的，其神秘性也许首先可以在那充满奥秘且无休止的集体意愿中被发现。

因此，城市的复杂结构从一种涉及范围仍比较碎片化的论述中浮现出来。城市的法则也许正好和那些控制个人生活和命运的规律一样。每一部传记都有自己的乐趣，尽管它被限定在出生和死亡之间。当然，城市的建筑，即人类最卓越的事物，是这部传记的物质行迹，它超越了我们所认识的城市的意义和感受。

图 98 "建筑幻想",乔瓦尼·安托里尼·卡纳莱托(Giovanni Antonio Canaletto)绘制,
1753—1759 年,描绘了帕拉第奥的维琴察的巴西利卡(Basilica of Vicenza),他设计的里
阿尔多桥项目(Ponte di Rialto project)和奇耶里卡提宫(Palazzo Chiericati)的部分景
象。国家美术馆(National Gallery),帕尔马(Parma),意大利。"人们很容易看到,绘画
中并不缺少小船和贡都拉小舟,或者其他任何可以将观众带到威尼斯的东西,但是我知道,许
多威尼斯人都问过这样的问题,这是城市中的什么地方,他们怎么从未见过?"[弗朗西斯科·阿
尔加罗蒂(F. Algarotti),"绘画和建筑信札集"(Raccolta di lettere sopra la pittura el'
architettura)(Livorno,1765),第 55 卷]

意大利文第二版序言

在本书第一版和第二版之间间隔的几年里，书中的几个论点已经被其他研究材料所讨论与证实。城市与建筑之间的密切关系这个论题的研究，在很大程度上主导了建筑文化领域内的争论。这证实了我在这里开始的方向，并使我确信必须补发这本绝版的书并使其发挥作用。但是，我认为试图通过改动部分章节以使其反映最新内容，或者重新介绍它们的做法是错误的，至少对于本书的核心部分是这样，因为这样做会破坏本书的整体结构，并且会改变它的全部面貌。

本书的成功可以通过以下事实证明：它被大量地引用，书中引入的术语也被许多研究人员采纳，尤其是本书的书名，被恰当或不恰当地广泛引用。"城市建筑学"，实际上有一个精确的含义，在此有必要简单地回顾一下：将城市看作建筑意味着认识到建筑作为一门学科的重要性，这门学科具有自己掌控的自主权（而不是抽象意义上的自主），建筑学构成了城市之内的主要城市建成物，它通过这本书中的所有流程分析，把过去与现在链接起来。这种观念中，建筑本身的意义不会因为其所在的城市环境或者由不同的规模所引起的新含义而被削弱；相反地，城市建筑的意义在于关注单体作品，以及单体作品构成城市建筑体的方法。

这种建筑研究不仅思考并产自一切过去的东西，而且在此研究中，现代主义运动中的建筑理论也占据一席重要的地位；此外，这种研究也是对现代运动的遗产及其意义的一种评价。在本书第一版发行后的四年里，大量的出版物、翻译作品和对现代运动的解释相继问世，它们证明了评估这份遗产的难度，但是承认这一点就意味着对可获取的材料进行批判性分析。到目前为止，那种认为现代运动的观点是一种质的飞跃，或者是一种道德政治运动的观点已经几乎被所有人抛弃了，除了少数顽固的逆行者仍然坚持这种观点，他们所做的工作并没有以任何方式增强他们所捍卫的遗产的价值。本书提供了对现代遗产的初步评估，试图寻找接受现代遗产的合适条件。

在重读本书的过程中，趋势问题以及城市分析与设计之间的关系问题，作为一种根本问题从书中显露出来。这些论题是相互关联的。没有什么比这个明确的（或者至少是隐含性的）假设更能说明一些现代建筑研究的贫乏，即科学概念是中立的。中立性是在概念或规则体系中可以采取的一种立场，但是，当问题变为赋予这些相同的概念以价值时，中立便没有意义。建筑和建筑理论，就同其他的东西一样，只能用既非绝对也非中立的概念来描述，而这些概念，取决于它们的重要性，具有改变人们深刻观察事物的方式。建筑中的知识问题总是与倾向和选择相关联。缺乏倾向的建筑既没有领地也缺少展现自身的方式。在建筑理论的建构中，与历史的关系也是一种选择；在我写完本书之后，我为布雷（Boullée）[1]的文章所写的引言与译作，就是这方面的一个例证。

几年前才由现代建筑史学提出的理性主义的阐释，较之图示化的理性主义更为复杂，它促使现代建筑直面其自身的传统。因为只有接受于此，才能认清与现在的正确关系。倾向的缺乏说明了许多研究无来由和自组织的性质。因此，城市分析与设计之间的关系是一个只能在一定的体系中、某种倾向的框架下才能被解决的问题，而不是通过中性的立场去解决。在这方面，希尔伯塞默（Hilberseimer）的研究是有意义的；他对城市和建筑结构的分析，是建筑理性主义一般理论相互依存的方面。这两个术语，分析和设计，在我看来可以结合成一个基本的研究领域，其中，城市建成物及其形式的研究成为建筑学。建筑学的理性正是在于它有能力通过对建成物经久地冥思而构建，其中某些元素在此构建中起到整合性作用。对于考古学家和艺术家来说，城市的遗迹构成了创造的起点，但只有当它们能够与一个精确的体系（一个基于清晰假设并获得及发展自身正确性的体系）联系在一起的时候，城市遗迹才能构建出一些真实的东西。这种真实的建造是建筑的一种调和行为，建筑在它与事物和城市、观点和历史之间的关系中进行调和。

在根据假设的概念写完本书之后，我提出了"类比性城市"的假设，在这些假说中我试图解决关于建筑设计的理论问题。我特别阐述了一个基于某些城市实体中的基本建成物的组成过程，在这些基本建成物周围，其他建成物在类比的构架下形成。为了说明这个概念，我列举了卡纳莱托（Canaletto）幻想的威尼斯的场景，在这个建筑"幻想"中，帕拉第奥设计的里阿尔多桥项目（Ponte di Rialto project）、维琴察的巴西利卡（Basilica of Vicenza）、奇耶里卡提宫（Palazzo Chiericati）被并置在一起，被描绘得像一幅画家所亲身观察到的城市景色一般。虽然这三座帕拉第奥式的纪念物没有一个真正位于威尼斯（其中一个还是方案，另外两个在维琴察），却构成了一个由与建筑和城市历史相关的特定元素组成的"类比性"的威尼斯。这幅绘画中纪念物的地点转换，构成了一个我们认识的城市，即使它是一个纯粹的建筑作为参照物的场所。这个例子使我能够说明逻辑形式的运作可以转化为设计方法，并进一步为建筑设计理论提供一个假设，其中的元素是预先建立且形式明确的，但其作用结束时所涌现出来的意义是建筑作品所具有的真实的、不可预见的、初始的意义。

本书的某些部分涉及一些有待进一步研究的问题，对于完整的建筑全景研究来说，它们是非常重要的。这些问题包括经久性理论、纪念物的意义、场所的概念、城市建成物的演变以及建筑作为社会体制的物质性结构赋予场所的价值。其他问题在此被首次以系统的方式进行分析，例如建筑类型学以及城市形态学，或者建筑学中的分类问题，它们随后被扩展并做出重要贡献，因此它们现在应该被提及。

在本书的绪论中呼吁更多的关于城市的分析性材料——乃至更为可信的关于城市环境最大变化可能性的知识，以掌握有关特定城市建筑构成的必要背景情况。目前，这方面可利用的材料仍然太过碎片化以至于无法让我们进行准确的研究；在这些分析可以提供的基础元素之上，我们也许会修正自己的理论，逐步根据新的事实来改变我们的假设。这方面的专著是必需的，因为我们只有通过它们才能完整地回答城市分析的问题。城市结构是一个体系，在这个系统中，地形和土地所有权、法规、阶级斗争的问题与建筑的思想缓慢地形成一个单一的、精密的结构，每一个一般性理论都必须以此来衡量。最近几年里，一些研究已经涉足这个领域，这些研究的出版物已经为人们提供了有价值的参考资料。

本书中提到的另一个问题，也是最近以另一种方式被提出来并为我的论点提供了有趣材料的问题，即功能主义。我在本书中批评了朴素功能主义，它过分简化了现实，并且贬抑了幻想和自由，特别是当它被用作一种构成工具时——就像我们学校里常见的那样——或者作为一种标准的分区实践。多年来，我一直在继续进行这一批判，例如在对布雷文章的介绍中，我力图提出一种理性主义的观点作为功能主义立场的替代。对功能主义的批判必须被认为是一种建筑构成的新理论和分析城市的基本原则。然而，对朴素功能主义的排斥并不意味着否定功能概念在一定范围内最合理的意义。换言之，就像我在本书中指出的那样，功能（function）的概念必须在代数学的意义上来使用，我的意思是只有作为相互间的函数，才能认识其价值。相比于线性因果关系，函数与形式之间存在着更为复杂的关系，那种线性因果关系与现实不符。

最后，本书受到了多方面的欢迎，我必须感谢所有评论、探讨、研究和仔细揣摩本书中不同方面内容的人们。卡洛·艾莫尼诺（Carlo Aymonino）、吉奥吉奥·格拉西（Giorgio Grassi）以及维托里奥·格里高蒂（Vittorio Gregotti）[2]的评论尤其让我感到十分有趣，因为他们从不同的角度聚焦于这本书与建筑的关系，特别是我自己的作品与学说理论基础之间的关系。这些评论具有权威性，并且引入了新元素，它们构成了目前这方面研究的一部分。我还要感谢曼弗雷多·塔夫里（Manfredo Tafuri），他在对现代建筑理论的研究中，把本书的论题置于一个更大的建筑现象的构架之中，并把我的论著和设计作为一个完整的建筑成果。[3]除了这些学者们的赞许，他们对我的认可对我来说是最重要的，因为这些认可在我的建筑研究中最困难和最孤独的时期出现。我要特别感谢萨尔瓦多·塔拉戈·锡德（Salvador Tarragó Cid）将本书翻译成西班牙语，并感谢他为西班牙语版撰写的长篇引言。[4]

1969 年 12 月

图 99 罗马竞技场变为市场的鸟瞰图，卢卡（Lucca），意大利

葡文版引言

在这篇引导性的文章中，我并不希望去修改或更正本书中的某些部分，而是向学者们介绍一些我们已经详细研究过的论题，尤其是本书所代表倾向的发展情况，自本书的第一版问世已经过去 6 年了，其倾向已经引起了许多相关研究的发展。

我相信本书的意义已经被正确地理解了，即使是对那些谴责它的人也是如此，本书的意义专用于城市的建筑。因此，书中的许多主张并没有像通常的批评性著作那样，而是以中立的立场来表述。我想强调的是，这是那种作为一般式样的建筑专著，我的目的不是要发动一场批评之战，也不是要诋毁像功能主义那样的昔日偶像，而是首先要对设计过程的本质和形式的研究提出一些主张。

我有意识地限制自己提及建筑师，而是更多地列举其他学科的学者，首先是地理学家和历史学家。我也故意避免在古代和现代建筑师之间设置一个精确的界限。这似乎看起来有些奇怪，一个关注于界定建筑研究"语料库"范畴的人竟然利用建筑以外学科的研究论点，但实际上，我从没有像别人推测的那样，认为建筑是绝对自主的或者建筑是事物自身；我主要关心的是确立建筑的一些特征性见解。在理论层面而不是在设计构架中进行这样的工作的愿望已经引起了一些疑问，我怀疑我的建筑作品是否能引发这些疑问。

这一近乎自传体的观察源于一个根本的原因，没有这个原因，就很难理解我研究的全部范围，而且由于特定的历史原因，这个根本原因首先使得建筑陷入严重的僵局。我所指的这个根本原因就是理论和实践之间的差距。我很少看到这种差距被衔接起来，即使是那些对自己的活动有明确理念的人。我们可以用两种不同的方式来看待这个论点。第一种方式，从更一般的属性来看，它把历史局限于历史编纂行为，局限于对过去纯粹知识的积累，而缺乏对未来的开放性视野，还局限于用发展中的一般性信念取代历史性观点。在我看来，后一种关系似乎是相当清楚的，因为艺术和技术的历史与所有的艺术和技术理论是不可分割的。第二种方式解释这种差距方法是建立在当前理论概念的不足的基础上的，它通过当代建筑在意识形态上的脆弱性，证实这种观点已经完全遗忘了现代运动的立场，并且已经把自己的信念置于通常是纯粹的商业趣味之中。

在进一步的研究中，这一差距仍然被认作"理论或实践"，并且最终与建筑的"制度"联系在一起，我找到了某些艺术家对这个问题的评论，并进行了仔细的阅读。像保罗·克利（Paul Klee）、亨利·凡·德·维尔德（Henry van de Velde）、阿道夫·路斯以及其他一些艺术家们，以一种或多或少的系统方式向我们展示了研究的路径，但他们的方向起初似乎是令人信服的，后来却常常被遗忘。因此，艺术性的研究开始减少了，而对于这个或那个历史时期的语言学研究、对事实的重新认识以及执着于细节的研究增多了。我不否认后一种贡献的重要性，但它们不能对设计理论起到决定性作用。当面对现代主义运动的遗产时，人们就会清楚地认识到这一点，现代建筑运动通常被认为是一种教条（尽管它没有被很好地理解），或者被认作一个史学事件。

在我对布雷文章[1]的引言与译作中，我特别想要详细阐述一个建筑学的理论，以这个理论作为出发点来描述一个在建筑学上呈现出一致性的独特例子，布雷设计并评论了自己的作品，并且建立了一种建筑学的理论。所谓的"建立"我指的是创建一种建筑语言材料库的论述；它构成的建筑和艺术的参考构架与科学中存在的参考构架相同。

　　对于艺术家来说，前人和模式的问题，以及他所工作的特定环境的问题——也就是说，在一个已经有问题的构成的背景下进行工作的问题——将他置于一个与科学家或哲学家相同的位置。如果他不能在这种环境中工作，艺术将会像科学和哲学一样，没有任何意义。现在已经非常清楚的是，建筑确实具有传递其模式的环境。因此我对伦巴第大区新古典主义的研究、对路斯[2]和布雷的研究只是偶然带有历史性，归根结底它们是我所构建的建筑理论的文化参照，它们使我能够以最大的精确度建立起我能够发展某些原则的环境。当然，启蒙运动的历史经验对我也有特殊的参考意义。

　　最终，建筑的历史是建筑的题材。随着时间的推移，在构建一个庞大而独特的项目的过程中，人们可以致力于研究某些变化非常缓慢的元素，以稳步地达到创新的目的。在这些元素中，类型学的形式具有特殊的意义。在《城市建筑学》中，主要意义不是首要意义，是归因于类型学的。后来，在我的教学中，我给了类型学卓越的地位，把它看作设计的基本原理。我认为描述这种发展的道路是十分有益的。

　　分类、建筑知识以及类型学形式的概念是在类型学论述中发展而来的主要论题，它们是相互紧密联系的。让我们以城市住房为例。城市住房是城市建设中的一个具有两重属性的元素，它是使用的对象，也是符合建筑制度特征的作品。研究的题材就在建筑学自身的领域之中，它涉及现有类型及其范围的分类，以及对这些类型所曾具有的意义的调查研究。而研究的题材仍然继续超越了所有预想的发展方案的范围。

　　从这个意义上来说，建成物与其被归结的类别之间的关系成为分析的对象，这一分析反过来又成为对建筑本身的过程以及一种特定形式与集体生活之间持续建立的关系的分析。但纵观其复杂的历史行迹，以及其作为

一门学科的构成与定义，建筑被视为等同于城市，建筑在没有城市的情况
下是无法定义的。像法语"hôtel"或德语"Wohnhof"等术语指的是特
定的文化产物并且与特定的文化领域相对应。即使这些术语可以被曲解以
及适应不同的情况，但它们总是与清晰可辨的建成物相对应。只有当城市
建成物处在逻辑连续的背景下，人们才能较为准确地评估特定方案以及那
些包含在"乌托邦"名义之下的特殊方案的"形式"特征——不管这些方
案或多或少地是历史上的、现实中的还是部分实现了的。

　　目前研究得到的最大的支持来自于土地所有制和地形学的研究。街区
和地区，作为城市的经久性元素，被视为一种预先构成城市结构的组成部
分，在这种结构中，地形学、社会学、语言学和其他因素结合在一起。这
些元素同时服从于整体的个性化和类型的特征化，因而可以解释地方性的、
地区性的以及国家性的现象，它们从而成为一种"规范性的元素"。

　　在这里，普遍性与特殊性之间的关系变得越来越明确，例如确立哥
特式风格地块的特征是有可能的，这种特征与哥特式房屋的类型密切相
关，哥特式房屋即所谓的零售商住宅。这种类型的关系可以在许多不同
的地方找到——在威尼斯、德国、布达佩斯，遍及欧洲各处。因此，尽管
每一个地方的特征是由其独特的方面以及精确的建筑构造构成的，它也
可以被重归为一种更普遍的设计。我们可以把这个普遍性的设计定义为
"类型的形式"。

　　不同的哥特式房屋的分类必然会使我们去识别那些联系它们以及让它
们具有独特性的共同特征，即它的形式。通过与不同现实的关系来达成自
己的独特性之后，形式变成了一种面对现实的方式，例如一种土地划分的
方式，或者是在某一历史框架内确立的住房性质的方式。在建筑中，这种
形式具有法则的价值，它有自身的自主权，也具有把自身强加于现实的特

有能力。哥特式的地块，以其狭长的形式、楼梯的位置，以及实体和空间之间的固定关系，构成了一种统一的特殊体验。甚至到了今天，这种体验在不同的情况下黏着成为一种形式。因此，当建筑师理解了又长又窄的插入之美，例如勒·柯布西耶的一个公寓设计，他认为其是源自通过建筑才能获知的一种特殊体验。

类型学的形式，这种形式指的是一种特定时期被选择的结果，抑或是指它所隐含的意义，它最终假设了一个过程的综合性质，而这个过程恰好表现了形式本身。建筑创新总是揭示出特定的趋势，但它们的确不构成类型的创新。我们可以理解类型的创新是不可能的，如果我们意识到类型学只能通过长期的过程形成，并且与城市和社会有着高度复杂的联系。

帕拉第奥对古典类型学的运用是一个特别有趣的例子。帕拉第奥不仅致力于将教会的和公共的元素进行一种离经叛道的混合，使宗教的建筑降格为国家的建筑，而且他按照形式来使用类型，毫不顾忌与类型联系在一起的不同用途。在前一种情况下，他的建筑"创新"（在一定限度内）是"革命建筑师"最伟大的发现的预兆；而后者对居住建筑类型的处理预示了始于申克尔的所有现代建筑。几乎没有什么例子能更好地证明，类型学的不可变特性确实是建筑设计的最佳着手点。

本书中另一个引发了进一步研究的论题是"城市由各个部分组成"。在此，城市被视为一个由多个自身完整的部分构成的整体，而每个城市的独特特征，以及每个城市的美学特征是一种动力，这种动力产生于城市中不同区域、不同元素以及其各个部分。此外，这种由不同独立部分构成的城市能够容纳更大的选择自由。

图 100 输水道（Aqueduct），塞哥维亚（Segovia），西班牙，来自图拉真时期

图 101 普拉塔的输水道。名为"Sértorio"，位于圣本图·杜·马图（São Bento do Mato）和埃武拉（Evora）之间，葡萄牙。最初由罗马人发明，此输水道建于 16 世纪上半叶

图 102 剧场，奥朗日（Orange），法国，哈德良时期（Hadrian），约公元 120 年。
后来它先后被用作堡垒和采石场

这一理论是通过研究城市的物质现实发展而来的，它在城市历史的每一个时期都显现出真实性。我在这里应当提及规划，因为它也代表了城市的一部分。在本书之前，我做过的一些关于欧洲大型城市的研究，特别是在维也纳和柏林[3]以及米兰城市中某个部分进行的一些研究[4]说服了我，这些研究使我确信这一原则是可归纳的，并构成了一个根本性的假设。随后对威内托大区进行的研究还扩展性地应用于所有地中海城市和商业城市，它们进一步证实了这个假设。一些城市里展现出持久的罗马人的特点或者较强的东方的影响，而另一些城市中，资本主义迅速地显现出其自身的特征与其特有的属性。在这方面最有趣的例子之一是威尼斯的犹太人区和威尼斯的整体结构。

我确信，从城市研究和设计的角度来看，所有这些论文都将受益于进一步的科学研究，尽管我也意识到它们容易受到学术曲解的影响。但从总体上讲，更丰富的信息往往会产生更深入的认识和更大的创新潜力。我特别想到主要元素和纪念物的论点，这些论点在本书中第一次被详细阐明，后来又被更深入的文献所证实。有几个值得进一步研究的突出的例子，其中包括阿尔勒的圆形剧场和维索萨镇（Vila Viçosa）。

这种论述必须以一种与类型学相平行的方式来展开，也就是通过展示"形式"、建筑的存在方式，来统领功能组织的问题，并且否定那些试图将类型学问题返回到建筑构成范畴的所有理论。当形式以类型的形式存在的时候，形式正好与组织没有任何关系。我以引用帕多瓦的理性宫作为本书的开头，现在我仍然想不出比它更有说服力的例子。

在城市层面上，我没有讨论的一个例子是南斯拉夫的斯普利特，在我看来，它即使不是一个突出的例子，也肯定是一个颇具启迪作用的例子。在此的一个大型建筑，戴克里先宫，成为了一座城市，它的内部特征转变为城市的特征，从而展示了建筑的类比性变化的无限丰富性，当这些变化以特定的形式发生作用的时候。对于维拉维克萨或布拉甘萨（Braganza）这样的例子，一座城堡成为城市的核心，最终的转变与更复杂的城墙问题有关，斯普利特的例子代表了一种集合体意义亦即城市整体意义上的外部空间的真实变化。与阿尔勒、尼姆和卢卡（每一个都有不同的形态含义）相比，人们更多地通过斯普利特自身所具有的类型学形式发现整个城市，因此建筑"类比"了城市的形式。这个例子是单一建筑可以通过类比的方法来设计城市的证据。

当然，这个概念不是局限于古代和神话中的例子，如果我们想到勒·柯布西耶的"街廊"，以及被其他现代主义建筑师将外部走廊空间称为"街道（street）"的曲解之意，就会认识到两者都运用了一种类似的预设类型，即一个延伸至更小空间的细长元素的类型。一位意大利考古学家最近谈及于此明确地指出，"归属于不同功能的建筑是基于单一的类型"[5]是普遍的。这对所有建筑都是正确的，并且它可以向我们诉说纪念物的意义。它最适用于与类型学形式一致的建筑，例如帕拉第奥所采用的向心式布局。在"住宅单元"（unité d'habitation）和德国建筑的大型"院落"（large Höfé）的发展之中[6]，现代建筑也体现出建筑与城市之间的这种关系。

这些理念的发展使我更清楚地认识"类型形式与建筑设计之间的关系"。在某些情况下，例如在帕拉第奥的类型学中，这种关系是很明显的；在其他例子中，就如我在米兰理工学院的演讲中分析的西妥辛（Certosin）和班尼迪克（Benedictine）修道院，类型学、建筑和城市之间的联系随着复杂性和重要性的增加而发展。

图 103 里斯本（Lisbon）附近的埃什皮谢尔角圣域（Sanctuary of Cape Espichel）

　　对这种复杂但日益有序的关系的认识，使我在对威内托大区的研究和其他文章的绪论中，对"类比性城市"的理论提出了假设。这个理论是从本书的许多论题的发展中得出的。我相信，一旦本书中提出的理念被确立为出发点，那么很多途径都可以通向这种设计理念。一种途径是直接从城市研究出发。例如在分析米兰城市的过程中，我遇到了理论分析会遇到的所有困难，但出乎意料的是，这些困难也导致了将元素表整合在一起，最终变成了一种设计的秩序。这些表格，是我与万纳·加瓦泽尼（Vanna Gavazzeni）和马西莫·斯科拉里（Massimo Scolari）共同的工作成果，它使我们能够完成一系列的行动，这些行动的构成属性变得越来越明显。类比性城市意味着一个系统，一个将城市与已确立并且可以衍生出其他建筑体的元素联系起来的系统。与此同时，淡化时间和空间上的精确边界使得设计与我们在记忆中发现的一样有张力。

在这样一个类比性的系统中，设计方案与建成建筑一样具有存在意义，它们是对于所有真正存在的东西的一个参照系。当建筑师研究米兰的城市时，他们应该将安托里尼的未建成的作品波拿巴广场作为一个真实的元素来考虑。这个作品后来被转化为一系列的建成物，没有它的存在和形式，这些建成物就无法被解释。就这个意义而言，波拿巴广场的设计是真实的。

这一研究路径为建筑学提供了一个真正科学的方向。与此同时，我意识到使用地理学原著会产生一种严格且封闭的研究，这里地理学是在本书中受到特别关注的一门学科。我对这些文章的使用就像人们对建设材料的使用。问题是如何利用它们来建立一门城市科学和一个建筑理论。因此，在威内托大区的写作中，我力求给这种材料一个解释以及一种可以被建筑理论吸纳的形式。

依据所有前述的观点来理解，在我看来，城市科学是由许多线组成的网，线的设计被越来越清晰地显现出来。如果人们考虑诸如古代城墙变化的议题，那么现有的考古实体材料，作为城市一部分的历史的中心，以及由不同部分组成的城市自身，人们会将所有这些视为一个整体形态的完整且不可分割的元素。

最后，我想对我的学生和朋友何塞·查特斯·蒙蒂埃罗（José Charters Montiero）以及何塞·苏泽·罗布里加·马丁（José da Nóbrega Sousa Martins）表示衷心的感谢，他们把本书翻译成葡萄牙语，并在葡萄牙城市和殖民城市的研究中，推进了在这里开创的研究工作。

1971 年

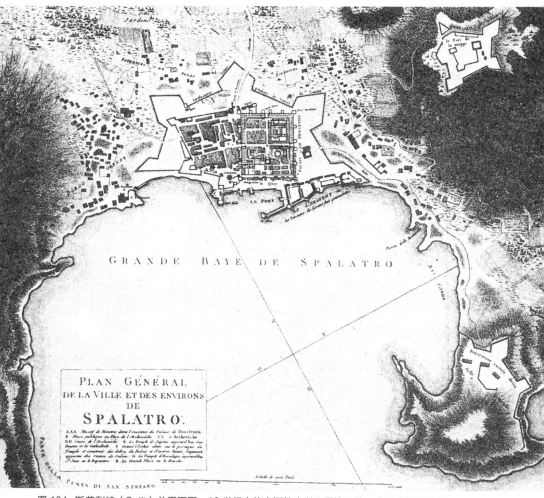

图 104 斯普利特（Split）总平面图，18 世纪末的南斯拉夫以及周边环境。由画家和建筑师
L·F·卡萨斯（L.F. Cassas）绘制，巴黎，1802 年

德文版评注

　　这本书是一个建筑项目。就像任何一个项目一样，它更少地取决于它所利用的材料，而是取决于它在事实之间建立的关系。这个研究的主要目的，是对形式独特性与功能多样性之间关系意义的调查。我至今仍然确信，这种关系构成了建筑的意义。本书中分析的一些元素后来成为了一个设计理论的元素。这个理论包括：城市地形学、类型学的研究、作为建筑材料的建筑史。在这些元素中，时间和空间不断地交织在一起。地形学、类型学和历史学都是现实突变的度量物，它们共同定义了一种体系结构，在其中无理由的创新是不可能发生的。因此，它们在理论上反对当代建筑的混乱状态。

　　就像我的建筑作品一样，这本书被以不同的方式诠释着，但那些试图只发展一个方面的人们，即坚持在城市研究中保持客观的立场，或坚持认为形式具有自主权的人们，总是会走上错误的道路。这些诠释是错误的，因为它们掩盖了建筑复杂的本质。我已努力表明，作为建筑师去阅读地形学意味着承认其内在的形式价值，其中最重要的是要创建一种设计的参照。因此，建筑的本质就是从城市的本质中诞生的。

　　50 年前，阿道夫·贝奈（Adolf Behne）是这样描述现代建筑的，"从形式的概念来看，我并不意指一个附件或装饰……而是指某种来自于建筑的特定特征的事物……现代建筑师想要以最广泛的适应性来满足最多的需求。"[1] 在这本书中，对历史上几座伟大建筑的分析就是在这个理性的基础上进行的。这些建筑被看作是已经构成并将继续构成城市的结构，它们为随着时间而发展的新功能提供了最大的适应性。斯普利特城是在戴克里先

宫的墙内发展起来的，并将不可改变的形式赋予了新用途和新含义，它是
建筑意义的象征和建筑与城市关系的象征。在城市中，对于功能多样性的
最广泛的适应性，与形式的极端明确性相符合。

1973 年 8 月

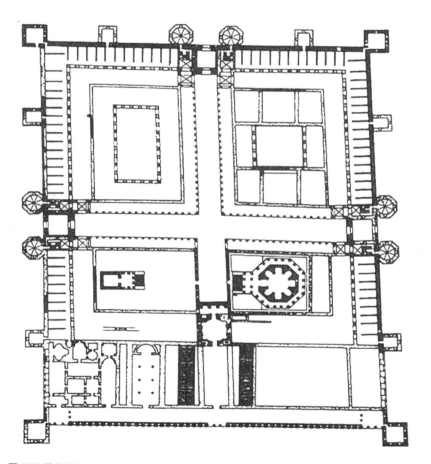

图 105　戴克里先宫平面图（Plan of Diocletian's Palace），斯普利特，南斯拉夫，根据 G·尼曼（G.Niemann）复原图描绘，1910 年

注 释

美国第一版的作者序言

1. 见哈维尔·阿奎莱拉·罗哈斯（Javier Aguilera Rojas）和路易斯·J·莫雷诺·雷克萨奇（Luis J. Moreno Rexach）的《美洲西班牙式城市化》（*Urbanismo español en América*；Madrid: Editora Nacional, 1973）。

绪论　城市建成物和城市理论

1. 见德·索绪尔（De Saussure）的《通用语言学课程》（*Cours de linguistique générale*, ed. Charles Bally and Albert Sechehaye; Paris: Payot, 1922）；英文版译者为 W·O·亨德森和 W·H·查洛纳（W. O. Henderson and W. H. Chaloner, *Course in General Linguistics*；New York: Philosophical Library, 1959）。

2. 见努马 - 丹尼斯·甫斯特尔·德·库朗日（Numa-Denis Fustel de Coulanges）的《古城：希腊和罗马的宗教，法律与制度的研究》（*La Cité antique. Etudes sur le culte, le droit, les institutions de la Grèce et de Rome*; Paris: Durand, 1864; subsequent eds., Hachette）；蒙森（Mommsen）的《罗马历史》（*Römische Geschichte*, 4 vols., 2nd ed.；Berlin: Weidmann, 1856—1857），英文版译者为威廉·P·迪克森（William P. Dickson, *The History of Rome*；New York: Charles Scribner's Sons, 1891）。

3. 见弗雷雷（Freyre）的《大型住宅与黑人村落：族长经济体制下巴西家庭的构成》（*Casa-Grande & Senzala. Formãçao da Familia Brasileira sob o Regime de Economia Patriarcal*；Rio de Janeiro: José Olympio, 1958）以及弗雷雷的《联排房屋：乡村族长制的衰落和城市发展》（*Sobrados e mucambos. Decadência do patriarcado rural e desenvolvimento do urbano*；Rio de Janeiro: J. Olympio, 1951）第二卷。

4. 见维达尔·德·拉·布拉什（Vidal de la Blache）的《人文地理学原理》（*Principes de géographie humaine*；1st ed., Paris: Armand Colin, 1922）。

5. 见弗朗西斯科·米利齐亚（Francesco Milizia）的《民用建筑原理》（*Principj di Architettura Civile*；Milan, 1832），乔瓦尼·安托里尼（Giovanni Antolini）编；

第二版（Milan, 1847）由 L·马西埃里（L. Masieri）和 S·马约奇（S. Majocchi）编；再版时增加了"原作的凸版复制品"（Riproduzione anastatica conforme all'originale；Milan: Gabrielle Mazzotta, 1972）。

第一章　城市建成物的结构

　　1. 芒福德（Mumford）在其最精彩的著作的绪论中讨论了将城市作为艺术品的理念，综合了城市研究中最复杂、最激动人心的研究资料，尤其是综合了盎格鲁－撒克逊（Anglo-Saxon）文学（包括维多利亚折中主义），并且对其进行了发展。"城市在本质上是一种真实的事物，就像一个洞穴、一群鲭鱼或一堆蚂蚁。但它也是一种有意识的艺术品，并且在其公共的框架中拥有许多更简洁、更个性化的艺术形式。思维在城市中形成；反过来，城市形式影响着思维，空间与时间一样被巧妙地重新组织于城市中：在边界和轮廓中，在确定水平面和竖直方向的顶点时，在利用或背弃自然的诉求时……城市既是一种集体生活的物质性容器，也是在这种有利的环境中产生的集体目标与一致性的象征。城市，连同其自身的语言，一直是人类最伟大的艺术品。"[刘易斯·芒福德，《城市文化》（Lewis Mumford, *The Culture of Cities*；New York: Harcourt, Brace & Co., 1938；p. 5）]。城市作为艺术品的概念往往是艺术家作品中的特征内容和体验，有时一个艺术家的名字会与一个城市相关联。1926 年 6 月 5 日，托马斯·曼（Thomas Mann）在吕贝克的演讲，是关于城市和文学作品之间的关系及城市本身作为艺术品的研究的重要例子，见托马斯·曼（Mann）的"吕贝克的精神"（"Lübeck als geistige Lebensform"），载于《两次节庆演讲》（*Zwei Festreden*；Leipzig: Philipp Reclam, June 1928），第 7—47 页。早在蒙田（Montaigne）的旅行日记中，就用现代的方法综合分析了城市结构，并且这种方法被启蒙运动时期的学者、旅行者和艺术家所发展。见米歇尔·埃克姆·德·蒙田（Michel Eyquem de Montaigne）的《1580 年和 1581 年途经瑞士和德国的意大利旅行日记》（*Journal de voyage en Italie par la Suisse et l'Allemagne en 1580 et 1581*, with notes by M. De Querlon；Paris, 1774），莫里斯·拉特（Maurice Rat）编（Paris: Garnier Frères, 1955），英文版译者为 W·B·沃特斯（W. B. Waters, *The Journal of Montaigne's Travels in Italy by Way of Switzerland and Germany in 1850 and 1851*, 3 vols.；New York: E.P. Dutton & Co., 1903）。

　　2. 城市和集合式建成物的本质。见列维－斯特劳斯（Lévi-Strauss）的《悲伤的热带》（*Tristes Tropiques*；Paris: Plon, 1955），英文版译者为约翰·罗素（John Russell, London: Hutchinson & Co., 1961）。在法文版第 122 页,作者写道"城市……人类最杰出的事物"。在第 121 页，他介绍了关于空间质量和城市演变神秘特征的一些初步研究。在个体的行为中，一切都是理性的，但这并不意味着城市中没有无意识的时刻。因为就个体和集体的关系而言，城市提供了一种奇妙的对立："城市常常被比作交响乐和诗歌，而且这种比拟在我看来是非常自然的；事实上，它们是同一类型的客体。城市甚至被认为是更高级的，因为它位于自然和人工的结合点（第 127 页）。"列维－斯特劳斯在阐述这一观点时，呼应了关于人与环境之间以及人与环境塑造之间关系的生态学研究的结论。以具体的方式理解城市意味着要了解居民的个性—— 一种作为纪念物本身基础的个性："超越城市的纪念物及其建筑物的历史去了解一个城市，就要重新发现其居民生存的特定方式。"

3. 见哈布瓦赫（Halbwachs）的《集体的记忆》（*La mémoire collective*），由让·迪维尼奥（Jean Duvignaud）撰写序言，J·米歇尔·亚历山大（J. Michel Alexandre）撰写绪论（Paris: Presses Universitaires de France, 1950；rev. and enlarged ed., 1968）。

4. 卡塔尼奥的这一观点，出自卡塔尼奥（Cattaneo）的《农业与道德》（"Agricoltura e morale"），最早发表于《鼓励手工艺协会条例》（*Atti della Società d'incoraggiamento d'arti e mestieri. Terza solenne distribuzione dei premi alla presenza di S.A.I.R. il Serenis-simo Arciduca Vicerè nel giorno 15 maggio 1845*；Milan, 1845, pp. 3—11），后来收录在《卡塔尼奥出版与未出版的论著全集》第一卷（*Scritti completi editi ed inediti di Carlo Cattaneo, ed. Arcangelo Ghisleri, 3 vols.*；1st ed., Milan, 1925—1926）中，该文章现在与卡塔尼奥的另一篇文章《激动人心的工业》（Industria emorale）一同重新发表在《作品》（*opera omnia*, published by F. Le Monnier: Carlo Cattaneo, *Scritti economici*, 3 vols.；ed. Alberto Bertolini；Florence, 1956, vol. III, pp. 3—30）一书中，引文见第 4—5 页。在这篇文章中，作者给出了他关于自然建成物概念的完整框架，在他的这个分析中，语言学、经济学、史学、地理学、地质学、社会学和政治学共同表征了建成物的结构。与他所继承的启蒙主义思想相比，卡塔尼奥的实证主义观点更多地表现在解决个体问题的方法中。"建筑的技艺和耕作的技艺在德语中使用的是同一个词——'农业'（Ackerbau），这个词并不表示耕作，而是建设；拓荒者就是建造者（Bauer）。当原始的德国部落在罗马帝国鹰旗的庇荫下看见古罗马人是在如何修建桥梁、道路、墙垣，并且用几乎同样的工作方式将莱茵河岸和摩泽尔河岸变成葡萄园时，他们便使用同一个词语来表示所有那些工作。是的，人必须建设他的领地，就像必须建设他的城市一样"（第 5 页）。桥梁、道路、墙垣是转变的开始；这种转变塑造了人类的环境，且自身成为历史。当卡塔尼奥将这一阐述应用于区域问题时，并考虑到他对由新的铁路线引发的问题的看法，这一阐述的清晰性使他成为最早的现代意义上的城市研究者之一。因而，加布里尔·罗萨（Gabriele Rosa）在卡塔尼奥的传记中写道："问题是在米兰和威尼斯之间开辟一条干线。数学家精密地研究了地理问题，却没有考虑人口、历史和实际的经济状况等与数学秩序相悖的要素。卡塔尼奥丰富的知识和深邃的思想为解决这个新的重大问题带来了希望……他找到了一条能够最大程度满足私人利益和公共事业需求的路线。他谈到，这项工程不需要成为地形至上的牺牲品，新开辟路线的目的不是快速通过，而是为了让速度有利可图，在短距离内的往来会更加频繁，最大的流量会集中在悠久和最古老的中心的连线上，并且在意大利，那些无视个人对国家的爱的人将会永远徒劳无获。"见罗萨的"纪念卡洛·卡塔尼奥"（Commemorazione di Carlo Cattaneo），此文于 1869 年11 月 11 日在伦巴第科学与文学学院会议上被宣读，且刊登于《伦巴第皇家学院财政报告》（ *Rendiconti del Reale Istituto Lombardo* ，Milan, 1869 ），第 1061—1082 页；并以《卡洛·卡塔尼奥的生活与作品》（"Carlo Cattaneo nella vita e nelle opera"）之名重新发表，作为《卡塔尼奥出版与未出版的论著全集》（ *Scritti completi editi ed inediti di Carlo Cattaneo* , vol. I, pp. XIII—XXXIX ）的绪论。

　　5. 见林奇（Lynich）的《城市意象》（ *The Image of the City* ，Cambridge, Mass.: Technology Press and Harvard Univ. Press, 1960 ）。

　　6. 见索尔（Sorre）的《城市地理学与生态学》（"Géographie urbaine et écologie"），载于《城市规划与建筑：纪念皮埃尔·拉韦丹的文学和出版研究》（ *Urbanisme et architecture. Etudes écrites et publiées en l' honneur de Pierre Lavedan* ；Paris: Henri Laurens, 1954 ），第 341—344 页；以及莫斯（Mauss）与 M·H·博沙（M. H. Beuchat）的《试论爱斯基摩群体季节性的变化：社会形态学研究》（"Essai sur les variations saissoniéres des soci étés eskimo. Étude de morphologie sociale"），载于《社会学年鉴》（ *L' année sociologique* , 1904—1905；Paris: Félix Alcan, 1906 ），第 39—132 页。另见第三章注释 1。

　　7. 关于城市是一种人造物，见奥斯卡·汉德林（Oscar Handlin）和约翰·伯查德（John Burchard）合编的《史学家与城市》（ *The Historian and the City* ；Cambridge, Mass.: M.I.T. Press and Harvard Univ. Press, 1963 ）。在这个选集中，约翰·萨默森（John Summerson）在他的文章《城市形式》（"Urban Forms"，第165—176 页）里谈到了"城市是人造建成物"。安东尼·N·B·加文（Anthony N. B. Garvan）在《有产费城是人造物》（"Proprietary Philadelphia as Artifact"，第177—201 页）一文中，从考古学家和人类学家的角度阐明了这种说法，他认为："如果这种说法可以完全适用于一个城市综合体，它应该以这样一种方式来应用：探索城市及其生活的所有方面，而物质结构、建筑物、街道、纪念物恰好是工具或人造建成物"（第178 页）。正是在这种意义上，卡塔尼奥把城市看作一种物质的东西，作为人类劳动的建成物："劳动建设了房屋、堤坝、运河和街道"，见《工业与道德》（"Industria e morale"）一文，载于《经济文选》（ *Scritti economici* ）第三卷，第 4 页。

　　8. 见西特（Sitte）的《用艺术原则指导城市规划》（ *Der Städtbau nach seinen künstlerischen Grundsätzen* ；Vienna: Carl Gräser Verlag, 1889 ），英译本由乔

治·R·柯林斯和克里斯蒂亚娜·格拉斯曼·柯林斯夫妇所译（George R. Collins and Christiane Grasemann Collins, *City Planning According to Artistic Principles*；London: Phaidon, and New York: Random House, 1965）。书中引文见于英译本的第 91 页。西特的履历很有意思。他本身是一名技术人员，曾在维也纳工业大学学习，于 1875 年创建了萨尔茨堡的国立职业学校，并且后来创建了维也纳的国立职业学校。

9. 见吉恩 - 尼古拉斯 - 路易斯·杜兰（Jean-Nicolas-Louis Durand）的《综合理工学院的建筑学课程》（*Précis des leçons d'architecture: données à l'Ecole Polytechnique*, 2 vols.；Paris, 1802—1805；2d ed., 1809）。引文见第二版，第二卷，第 21 页。

10. 引自米利齐亚（Francesco Milizia）的《民用建筑原理》（*Principj di Architetura Civile*），见绪论注释 4；引文见第二部分"适用"（Della comodità），第 221 页。

11. 引自安东尼·克里索斯托姆·伽特赫梅赫·德·甘西（Antoine Chrysostôme Quatremère de Quincy）的《建筑历史词典，包括历史、描述、考古、传记、理论、教学和实践等概念》（*Dictionnaire historique d'architecture comprenant dan son plan les notions historiques, descriptives, archaeologiques, biographiques, théoriques, didactiques et pratiques de cet art*, 2 vols；Paris, 1832）。引文见第二卷关于"类型"的部分。伽特赫梅赫·甘西（Quatremère）对类型的定义最近被朱利奥·卡洛·阿尔甘（Giulio Carlo Argan）以一种特别有意思的方式进行了解读，见《关于建筑类型学的概念》（"Sul concetto di tipologia architettonica"），载于《方案与命运》（*Progetto e destino*；Milan: Casa editrice Il Saggiatore, 1965），第 75—81 页。另见路易斯·奥特克尔（Louis Hautecoeur）的《法国古典建筑历史》（*Histoire de l'architecture classique en France*, 7 vols.；Paris: A. et J. Picard, 1943—1957），尤其见于第五卷《革命与帝国：1972—1815》（*Révolution et Empire. 1792—1815*；1953），奥特克尔（Hautecoeur）写道："正如施奈德指出的，伽特赫梅赫肯定了'尺度、形式与它们留给人们的印象之间存在着相关性'"（第 122 页）。

12. 在建筑师对类型学问题进行的全新研究中，卡洛·艾莫尼诺（Carlo Aymonino）在威尼斯建筑学院做的演讲特别有趣。他在其中一次演讲——"建筑类型学概念的形成"中指出："因此，我们可以尝试区分建筑类型的一些'特征'，这些特征使我们能够更好地对它们进行识别：（1）主题的单一性，即使类型可以被细分为一项或多项活动，以便从有机体中获得一种合理的基础性和简明性，这也适用于更为复杂的情况；（2）在理论的阐述中，类型与环境（即准确的城市位置）无关（从中能否派生出一种有效的可互换性？），而关于城市自身平面布局关系的阐述，属于单一相关范畴（一种不完整的关系）；（3）克服建筑法规的局限性，类型的特点恰恰在于其自身的建筑形式，这种类型实际上也受到（卫生、安全等）法规的限制，但不仅仅是受到它们的限制"（第9页）。艾莫尼诺的演讲见《建筑类型学及其问题：建筑物类型分布资料，1963—1964 年度》（*Aspetti e problemi della tipologia edilizia. Documenti del corso di caratteri distributivi degli edifici. Anno accademico 1963—1964*; Venice, 1964）和《建筑类型学概念的形成：建筑物类型分布资料，1964—1965 年度》（*La formazione del concetto di tipologia edilizia. Atti del corso di carotteri distributivo degli edifici. Anno accademico 1964—1965*; Venice, 1965）。其中的一些演讲，在修改后重新发表于卡洛·艾莫尼诺的《城市的意义》（*Il significato della città*; Bari: Editori Laterza, 1975）一书中。

13. 见马林诺夫斯基（Malinowski）的《文化的科学理论及其他》（*A Scientific Theory of Culture and Other Essays*; Chapel Hill: Univ. of North Carolina Press, 1944）。地理学中的功能主义。弗里德里希·拉采尔（Friedrich Ratzel）在 1891 年介绍了有机功能的概念，他通过与生理学的类比，将城市与身体器官进行比较；城市的功能是为了自身存在和发展的功能。更多最近的研究将与中心区及普通区域相关的功能（一般功能）和与特殊功能区相关的功能（特殊功能）加以区别。在后者的研究中，功能具有更大的空间参考价值。关于这个术语的使用与生态学的关系，参见本章注释 29。从一开始，地理功能主义就在试图对商业功能进行分类的方面遇到了严重的困难，这些功能自然而然得到了重视。在《人文地理学》（*Anthropogeographie*）一书中，拉采尔将城市定义为"人类和他们住房的长期聚集地，覆盖了大量的土地，并且位于主要商业干道的中心"。赫尔曼·瓦格纳（Hermann Wagner）也坚称城市是一个商业集中之处，见拉采尔的《人文地理学》，两卷本（*Anthropogeographie*, 2 vols.; Stuttgart: J. Engelhorn, 1882 and 1891; 3d ed., 1909 and 1922）。关于德国地理学家的论文综述，见古斯塔夫·福克勒·豪克（Gustav Fochler-Hauke）所编词典《普通地理学》（*Allgemeine Geographie*; Frankfurt am Main: Fischer Bücherei, 1959），尤其是君特·格劳尔特（Günter Glauert）的条目"人类居住区地理学"（"Siedlungsgeographie"），第 286—311 页。另见杰奎琳·博热－加尼埃（Jacqueline Beaujeu-Garnier）和乔治斯·沙博（Georges Chabot）的《城市地理学论著》（*Traité de géographie urbaine*; Paris: Armand Colin, 1963）以及约翰·哈罗德·乔治·莱本（John Harold George Lebon）的《人文地理学导论》（*An Introduction to Human Geography*; London: Hutchinson Univ. Library, 1952; 5th ed. rev., 1963）。

14. 见沙博（Chabot）的《城市：人文地理学概述》（*Les villes, Aperçu de géographie humaine*; Paris: Armand Colin, 1948; 3d ed., 1958）。沙博将城市的主要功能分为军事、商业、工业、医疗、教育、宗教以及行政管理。最终他承认，在城市中各种功能混合在一起，最终获得了最初的建成物的价值；然而，他更关注基本和原始的功能，而不是经久性建成物。在沙博的理论体系中，功能和平面布局一起被视为城市生活的一个环节，因此他的概念更为丰富和明确。

15. 见韦伯（Weber）的《经济与社会：相互理解的社会学概论》（*Wirtschaft und Gesellschaft. Grundriss der Verstehenden Soziologie*, 4th ed., ed. 2 vols.; Tübingen: J.C.B. Mohr-Paul Siebeck, 1956），由约翰内斯·温克尔曼（Johannes Winckelmann）编辑并撰写绪论。

16. 见让·特里卡尔（Jean Tricart）的《人文地理学教程》两卷本：第一卷《乡村居住环境》，第二卷《城市居住环境》（*Cours de géographie humaine*, 2 vols: vol. I, L' habitat rural; vol. II, *L' habitat urbain*; Paris: Centre de Documentation Universitaire, 1963）。特里卡尔注意到，"就像每一个关于建成物自身的研究一样，城市形态学预设了不同学科知识的汇集：城市规划学、社会学、史学、政治经济学以及法学本身。这种汇集的目的在于分析和解释一个具体的建成物、一个景观，这对我们来说足够说明它在地理学构架中占有一席之地"（第二卷，第4页）。

17. 见理查德·阿普代格拉夫·拉特克利夫（Richard Updegraff Ratcliff）的《城市活动位置分布中的功效动力》（"The Dynamics of Efficiency in the Locational Distribution of Urban Activities"），载于哈罗德·梅尔文·迈耶（Harold Melvin Mayer）和克莱德·弗雷德里克·科恩（Clyde Frederick Kohn）合编的《城市地理学研究》（*Readings in Urban Geography*; Chicago: Univ. of Chicago Press, 1959, pp. 299—324），书中引文见其第299页。

18. 见马塞尔·博埃特（Marcel Poète）的《城市规划导论：城市的演变和古代的启示》（*Introduction à l' Urbanisme. L' évolution des villes, la leçon de l' antiquité*; Paris: Boivin & Cie., 1929）。关于博埃特对城市研究的影响，参见由拉韦丹指导的期刊《城市生活》（*La vie urbaine*, published by Institut d' Urbanisme de l' Université de Paris à la Sorbonne）。1920—1940年间，这本期刊每年出版三期，刊登许多关于城市研究的文章，非常具有历史性，且水平很高。博埃特的巨著《城市的生命：从初始到今天的巴黎》（四卷本）（*Une vie de cité. Paris de sa naissance à nos jours*, 4 vols.; Paris: Auguste Picard, 1924—1931）或许在整个关于城市的研究中都是无与伦比的，包括：第一卷《活力：从初始到现在》（*La jeunesse. Des origines aux temps modernes*; 1924）；第二卷《文艺复兴：从15世纪中期到16世纪末期》（*La cité de la Renaissance. Du milieu du XVe siècle à la fin du XVIe siècle*; 1927）；第三卷《古典城市精神：现代城市的起源（16—17世纪）》[*La spiritualité de la cité classique. Les origines de la cité moderne (XVIe—XVIIe siècles)*; 1931]；图集《随文的600张插图，附带说明和历史记录》（album, *Six cents illustrations d' après les documents, accompagnées de légends et d' un exposé historique*; 1925）。关于巴黎的研究集中见于马塞尔·博埃特（Marcel Poète）的《巴黎是如何形成的》（*Comment s' est formé Paris*;

Paris: Hachette, 1925）一书中。芒福德将这本书描述为内容丰富的基础教科书，值得终生学习。

19. 见博埃特的《城市规划导论：城市的演变和古代的启示》（*Introduction à l'Urbanisme...*），第 60 页。

20. 拉韦丹（Lavedan）的论著包括《城市地理学》（*Géographie des villes*；Paris: Gallimard, 1936；rev. ed., 1959）和《城市规划历史》（三卷本）（*Histoire de l'urbanisme*, 3 vols.；Paris: Henri Laurens, 1926—1952）。《城市规划历史》包括：第一卷《古代：中世纪》（*Antiquité. Moyen-Age*；1926），在 1966 年的第二版中，与珍妮·于格内（Jeanne Hugueney）一起彻底修改了关于古代的部分；第二卷《文艺复兴和现代》（*Renaissance et temps modernes*；1941；rev. ed., 1959）；第三卷《当代时期》（*Epoque contemporaine*；1952）。拉韦丹还著有《法国城市》（*Les villes françaises*；Paris: Vincent, Fréal & Cie., 1960）一书。

21. 启蒙运动思想。例如，关于建筑与城市之间的关系，弗朗索瓦·马利·阿鲁埃·德·伏尔泰（François Marie Arouet de Voltaire）写道："许多城市居民建造了宏伟的建筑，但是建筑的内部比外部更为精致，对个人品味的满足仍然超过了对城市的提升。"见伏尔泰的《路易十四时期》（*Le siècle de Louis XIV*；first definitive ed., 1768），载于《伏尔泰全集》（四卷本）（*Oeuvres complètes de Voltaire*, 4 vols.；Paris, 1827—1829），引文见第三卷，第 2993 页。另见琼·马里埃特的（Jean Mariette）的《法国建筑：巴黎的教堂、宫殿、酒店和私人住宅，周边及法国及其他一些地方新建的乡间别墅或游乐设施建筑的平面图、立面图、剖面图，这些图虽不是由最熟练的建筑师绘制，但却是经现场准确测量后绘制而成》（三卷本）（*L'Architecture françoise, ou Receuil des Plans, Elevations, Coupes et Profiles des Eglises, Palais, Hôtels, & Maisons particulières de Paris & des Chateaux et Maisons de Campagne ou de Plaisance des Environs, & des plusieurs autres Endroits de France, Bâtis nouvellement pas les plus habils Architectes et levés et mesurés exactement sur les lieux*, 3 vols.；Paris, 1727—1832）。这部伟大的建筑图集由出版商和印刷商琼·马里埃特编辑，由路易斯·奥特克尔（Louis Hautecoeur）重新编辑于《法国建筑》（*L'architecture française*；Paris-Brussels: G. Van Oest, 1927）中。另见安东尼·布朗特的《弗朗索瓦·芒萨尔和法国古典建筑的起源》（*François Mansart and the Origins of French Classical Architecture*；London: Warburg Institute, 1941）。

22. 见米利齐亚的《民用建筑原理》（*Principj di Architettura Civile*）。米利齐亚的论文分为三个部分："第一部分：美观"（"Parte prima. Della bellezza"），"第二部分：适用"（"Parte seconda. Della comodità"），"第三部分：坚固"（"Parte terza. Della

solidità delle fabbriche")。

23. 同上，第 371 页，出自"第二部分"。

24. 同上，第 663 页，出自"第三部分和全部作品的结束语"。

25. 同上，第 418 页，出自"第二部分"。

26. 同上，第 420 页，出自"第二部分"。

27. 同上，第 235 页，出自"第二部分"。

28. 同上，第 236 页，出自"第二部分"。

29. 对这个问题的探讨必须考虑到生态学的重大论题，这些论题在亚历山大·德·洪堡（Alexandre de Humboldt）、奥古斯特·格里斯巴赫（August Grisebach）和尤金纽斯·瓦尔明（Eugenius Warming）的经典著作中被提出，一直持续到现代。见洪堡（Humboldt）的《论植物地理：附有分区域一览表》（ *Essai sur la géographie des plantes, accompagnée d'un tableau physique des régions équinoxiales...* ; Paris, 1805 ）；格里斯巴赫（Grisebach）的《按照气候划分的地球植被：植物比较地理学纲要》（两卷本）（ *Die Vegetation der Erde nach ihrer klimatischen Anordnung. Ein Abriss der Vergleichenden Geographie der Pflanzen*, 2 vols. ; Leipzig: Wilhelm Engelmann, 1872 ）；瓦尔明（Warming）的《植物生态学：植物群落研究导论》（ *Oecology of Plants. An Introduction to the Study of Plant Communities* ; Oxford: Clarendon Press, 1909 ; original edition in Danish ; Copenhagen: P.G. Philipsen, 1895 ）。他们的出发点是对物种"生长形式"的认识，并且他们努力使人们在认识到外部因素（物质环境）的情况下，不要忽略包括人类在内的生物之间的相互作用。更全面的参考书目，见让·白吕纳的（ Jean Brunhes ）的《人文地理学：试论证实分类，原理与实例》（ *La géographie humaine. Essai de classification positive. Principes et exemples* ; Paris: Félix Alcan, 1910，1934 年的第四版修订为三卷，新增了参考书目），英译版由 T·C·勒·孔特（ T. C. Le Compte ）翻译，艾塞亚·鲍曼（ Isaiah Bowman ）和理查德·埃尔伍德·道奇（ Richard Elwood Dodge ）合编（ *Human Geography ; An Attempt at a Positive Classification ; Principles and Examples* ; Chicago: Rand McNally, 1920 ）。这些研究对城市科学的痴迷是显而易见的。"人类生态学"一词来源于罗伯特·帕克（ Robert Park，1921 年 ），见阿莫斯·H·霍利（ Amos H. Hawley ）的《人文生态学：社区结构理论》（ *Human Ecology, A Theory of Community Structure* ; New York: Ronald Press, 1950 ）。另见本章注释 13 和第三章注释 1。

30. 尽管下列文章没有将城市作为具体的建成物来研究，但它们很有意思：艾蒂安·苏里欧（ Etienne Souriau ）的《城市生理学的贡献：城市植物或节奏与理性》（ "Contribution à la physiologie des cités. Le végétal ville ou rhyme et raison" ），

载于《城市规划与建筑：纪念皮埃尔·拉韦丹的文学和出版研究》（*Urbanisme et architecture. Etudes écrites en l'honneur de Pierre Lavedan*；Paris: Henri Laurens, 1954），第 347—354 页。

31. 见米利齐亚的《民用建筑原理》（*Principj di Architettura Civile*），第 235 页。

32. 见夏尔·波德莱尔（Charles Baudelaire）的《恶之花》第二版（*Les Fleurs du Mal*, 2d ed. ; Paris: Poulet-Malassis et de Braise, 1861）。这一著作的重要版本，尤其见于 J·克雷佩（J. Crépet）、G·布兰（G. Blin）和 C·皮什瓦（C. Pichois）所编的版本（Paris: J. Corti, 1968）。书中引用的诗句见《巴黎景象》（"Tableaux parisiens"）中的第 89 首《天鹅》（"Le Cygne"）。波德莱尔是文学界人士，他对建筑和城市的批判性直觉是最令人印象深刻的。

第二章　主要元素和区域概念

1. 这类关于城市及其各个部分的概念是弗里茨·舒马赫（Fritz Schumacher）的城市理论的基础，它出现在 1921 年的科隆规划以及更著名的 1930 年的汉堡规划中。对于舒马赫的理论而言，最重要的著作是《从城市规划到州规划和城市设计问题》（*Vom Städtebau zur Landesplanung und Fragen städtebaulicher Gestaltung*；Tübingen: Ernst Wasmuth, 1951），尤其见于第 37 页关于"城市各部分不同需求（Anforderungen）"的段落：现代城市之间的区分是其个性的主要特征（Eigenart），因为城市中所有区域的划分越来越清晰。它的形成方式和目标（Gestaltungsaufgabe）的特点独立于任何单一的法则或形式原则。关于汉堡的规划，见舒马赫（Fritz Schumacher）的《汉堡的重建》（*Zum Wiederaufbau Hamburgs*）一书，记录了 1945 年 10 月 10 日在汉堡市政厅所进行的讨论（Hamburg: Johann Trautmann, 1945），后重新出版于《1800 年以来德国的建筑思潮》（Schumacher, *Strömungen in deutscher Baukunst seit 1800*；Leipzig: E. A. Seemann, 1935；2d ed., Cologne, 1955）。另见汉堡/石勒苏益格 - 荷尔斯泰因州联合规划委员会（Gemeinsamer Landesplanungsrat Hamburg/Schleswig-Holstein）的《中心思想和建议》（*Leitgedanken und Empfehlungen*；Hamburg-Kiel, 1960）。关于研究区域和在原始区域意义上对"自然区域"的解读，参见我的研究《对建筑类型学与城市形态之间关系的问题的贡献：对米兰研究区域的考察，特别注意私人参与产生的建筑物类型》[Aldo Rossi, *Contributo al problema dei rapporti tra tipologia edilizia e morfologia urbana. Esame di un' area di studio di Milano, con particolare attenzione alle tipologie edilizie prodotte da interventi privati*；Milan: Istituto

Lombardo per gli Studi Economici e Sociali（I.L.S.E.S.），1964]。

2. 关于美国社会学和芝加哥学派的课题，见下列论著：埃内斯特·W·伯吉斯（Ernest W. Burgess）的《城市发展中变化率的确定》（"The Determination of Gradients in the Growth of the City"），载于《美国社会学学会文献汇编》（Proceedings of the American Sociological Society, XXI, 1927），第 178—184 页；以及伯吉斯的《城市的发展》（"The Growth of the City"）载于《美国社会学学会文献汇编》（Proceedings of the American Sociological Society, XVIII, 1923），第 85—97 页，重新发表于罗伯特·E·帕克、埃内斯特·W·伯吉斯和罗德里克·D·麦肯齐合著的《城市》（The City；Chicago: Univ. of Chicago Press, 1925）一书中，莫里斯·贾诺威茨（Morris Janowitz）为其撰写绪论（Chicago and London: Univ. of Chicago Press, 1967）。

3. 见荷马·霍伊特（Homer Hoyt）的《美国城市居住区的结构和发展》（The Structure and Growth of Residential Neighborhoods in American Cities；Washington: Federal Housing Administration, 1939）。关于对美国城市社会学家一些论题的讨论，见索尔（Sorre）的《城市地理学与生态学》（"Géographie urbaine et écologies"），见第一章注释 6。

4. 鲍迈斯特（Baumeister）的主要作品为《技术、建筑监督和经济关系中的城市扩张》（Stadterweiterungen in Technischer, baupolizeilicher und wirtschaftlicher Beziehung；Berlin: Ernst und Korn, 1876），这是第一本被广泛阅读的德国手册。

5. 有关柏林的法规，参见沃纳·黑格曼（Werner Hegemann）的《石筑的柏林：世界上最大的出租兵营城市的历史》（Das steinerne Berlin...），见本章注释 12，尤其见于本书第二章中的"柏林住宅的类型问题"一节。

6. 由于维也纳这个城市的历史重要性以及充足的现有文献资料表明，维也纳城市的变迁特别有趣。哈辛格尔所确定的区域并不是真正的边缘，它以自身的形象而闻名，即使在今天，这个区域也与约瑟夫广场一样，是维也纳非常典型的一面。通过研究城市的各个区域的组成和布局，尤其是那些与住宅密切相关的区域，可以很好地理解城市的总体发展。居住区规范在很大程度上解释了维也纳住房的性质。这一规范与在城市中修建哈布斯堡的宫殿有关，也因为不能满足众多宫中侍从的居住需求，规范发生了变化，因此私人地产主有义务在宫廷会议期间提供住处。这意味着巴洛克时期三层哥特式住宅的拆毁，从而能建造有二三层地下室的六七层高的住宅房屋。1700 年，城墙内的土地价格飞涨，以至于最贫穷的阶层和工匠们被迫迁移到 1683 年以后建成的外部地区。有趣的是，在这种情况下，对城市化现象的图示解释并不能阐释直到 19 世纪的城市形成；1850 年以后，工业时代的发展开启之时，维也纳老城的部分地区已经遭到破坏。见罗西的《维也纳规划》（"Un piano per Vienna"），载于《持续美好住房》（Casabella-

continuità），第 277 期（1963 年 7 月），第 2—21 页；重新发表于罗西的《建筑与城市文选，1956—1972 年》（Scritti scelti sull'architettura e la città, 1956—1972）一书中，第 193—208 页，由罗萨尔多·伯尼卡尔奇（Rosaldo Bonicalzi）编辑并撰写序言（Milan: Clup；Cooperativa Libreria Universitaria del Politecnico, 1975）；以及雨果·哈辛格尔（Hugo Hassinger）的《奥匈帝国都城的艺术历史地图集以及值得保留的维也纳城市景观历史、艺术和自然古迹目录》（Kunsthistorischer Atlas der K. K. Reichshaupt- und Residenzstadt Wien und Verzeichnis der erhaltenswerten historischen, Kunst-und Naturdenkmale des Wiener Stadtbildes；Vienna: Anton Schroll & Co., 1916）；罗兰·莱纳（Roland Rainer）的《维也纳规划草案》（Planungskonzept Wien；Vienna: Verlag für Jugend und Volk, 1962）。 另 见期刊《建设》（Der Aufbau）：尤其见于 1961 年第 4/5 期，《公共经济：规划和建设》（Gemeinwirtschaft, Planen und Bauen）；1961 年第 7/8 期，《1946—1961 年的 15 年》（1946—1961, 15 Jahre），其中有乔治·康迪特（Georg Conditt）的文章《城市规划与规划基础》（"Stadtplanung und Planungsgrundlagen"）；1962 年第 11/12 期，《维也纳市郊》（Aussenbezirke der Stadt Wien），还有索克拉迪斯·迪米特里欧（Sokratis Dimitriou）的文章《维也纳的戈尔特街》（"Die Wiener Gürtelstrasse"），以及卡尔·费尔蒂内克（Karl Feltinek）的《维也纳市郊的文化中心》（"Kulturelle Mittelpunkte in den Wiener Aussenbezirke"）。最后，参见罗伯特·E·迪金森的《西欧城市：一种地理学解释》（The West European City: A Geographical Interpretation；London: Routledge & Kegan Paul, 1951; rev. ed., 1961），尤其见于该书的第十章"维也纳：奥地利首都"（"Vienna: Capital of Austria"），第 184—194 页。

7. 见林奇的《城市意象》（The Image of the City），第 66—67 页。

8. 同上，见第 70—71 页。

9. 见欧仁－伊曼纽尔-维奥莱－勒－杜（Eugène-Emmanuel Viollet-le-Duc.）的《11 世纪至 16 世纪法国建筑词典》，十卷本（Dictionnaire raisonnéde l'architecture française du XIe au XVIe Siècle, 10 vols.；Paris: Ancienne Maison Morel, 1854—1869）；引文见第六卷《住房》（"Maison"），第 214 页。

10. 有关居住区规范的解释，见本章注释 5。

11. 见贝伦斯（Behrens）的《维也纳地区建设》（"Die Gemeinde Wien als Bauherr"），载于《建筑世界》（Bauwelt）杂志，第 41 期（1928）；以意大利语出版，由我撰写绪论，《彼得·贝伦斯和现代建筑问题》（"Peter Behrens e il problema dell'abitazione moderna"），载于杂志《持续美好住房》（Casabella-continuità），第 240 期（1960 年 6 月）。在这篇绪论中，我认为这位德国大师在住宅上的基本理论可以归纳为主要的两点：①只有带花园的低层住宅和多层住宅结合的体系，位于一个经过精心挑选和研究的区域，才是和谐、公共宜居、经济的住处；②材料和单个建造构件必须标准化。在 1910 年之前，贝伦斯（Behrens）就已经阐释清楚了新型城市空间的形成过程。关于现代运动中的住房问题，见苏黎世新建筑国际大会（Internationale Kongresse für Neues Bauen, Zurich）的《低收入者住房》（*Die Wohnung für das Existenzminimum*, Frankfurt am Main: Englert & Schlosser, 1930; 3d ed., Stuttgart: Julius Hoffmann, 1933）。这本书见载于 1929 年在法兰克福举办的第二届 C.I.A.M.（国际现代建筑协会）会议的报告上，收录了现代运动的建筑师关于住房问题的主要著作，其中包括：恩斯特·梅（Ernst May）的《低收入者住房》（"Die Wohnung für das Existenzminimum"）；瓦尔特·格罗皮乌斯（Walter Gropius）的《城市工业人口基本住房的社会学基础》（"Die soziologischen Grundlagen der Minimalwohnung für die städtische Industriebevölkerung"）；勒·柯布西耶（Le Corbusier）和皮埃尔·让那雷（Pierre Jeanneret）的《分析"最低标准住房"问题中的基本要素》（"Analyse des éléments fondamentaux du problème de la 'Maison Minimum'"）；汉斯·施密特（Hans Schmidt）的《建筑法规和最低标准住房》（"Bauvorschriften und Minimalwohnung"）。本书与 1930 年在布鲁塞尔召开的第三届国际现代建筑协会（其核心议题为"合理的建造方法。低层、中层与高层房屋"）的论文集一同被翻译为意大利文，卡洛·艾莫尼诺（Carlo Aymonino）为其撰写了长篇绪论。在现代运动的一些方法论方面，见埃内斯托·罗杰斯（Ernesto Rogers）的《方法（预制化）问题》["Problemi di metodo（La prefabbricazione）", 1944 and 1949]，重新发表于罗杰斯的《建筑经验》（*Esperienza dell'architettura*; Turin: Giulio Einaudi, 1958）中，第 80—81 页。朱塞佩·萨莫纳（Giuseppe Samonà）巧妙地分析了现代运动中的住房问题，他在处理这一问题时重点关注建筑与城市之间的关系。在此值得引用萨莫纳的文章中的下面这段内容："人们所寻求的是一种对现有城市的混乱性臃肿而言有争议的、相反的有机组织，因而，这种有机组织适合于城市的所有活动和服务，并满足相关的生活需要；借助于对其所有行为的图示精确的预设标准，这种有机组织的性能能够被程序化，并能够转化为确定的规模。以'尺度'制度性的意义，来作为所有行为的衡量标准，阻止了人们在城市状况自身社会作用的背景下、在透过它们的不连续性和复杂性的情况下体验城市状况，因为这些状况影响及矛盾利益所产生的爆炸性推动力量不能被简化为一个单一的体系，即使它在技术上是完美的。"见萨莫纳的《欧洲各国的城市规划和城市的未来》（*L'urbanistica e l'avvenire della città negli stati europei*; Bari: Laterza, 1969; 2d ed. enlarged, 1971），第一版的第 99—100 页。

12. 见让·戈特曼（Jean Gottman）的《特大城市：美国东北部沿海地区的城市化》（*Megalopolis. The Urbanized Northeastern Seaboard of the United States*），

由奥古斯特·赫克歇尔（August Heckscher）撰写绪论（New York: Twentieth Century Fund, 1961；2d ed., Cambridge, Mass.: M.I.T, Press, 1964）。

　　13. 我在下文中提出了对柏林住宅的研究：《柏林住房类型研究》（Aldo Rossi, "Aspetti della tipologia residenziale a Berlino"），载于杂志《持续美好住房》（Casabella-continuità），第 288 期（1964 年 6 月），第 10—20 页；重新发表于我的论著《建筑与城市文选，1956—1972 年》，（Scritti scelti ..., 见第二章注释 6），第 237—252 页。有关柏林的主要出版物包括路易斯·赫伯特（Louis Herbert）的《大柏林地区的地理划分：区域研究》（Die Geographische Gliederung von Gross-Berlin, Länderkündliche Forschungen；Stuttgart, 1936）；沃纳·黑格曼（Werner Hegemann）的《石筑的柏林：世界上最大的出租兵营城市的历史》（Das steinerne Berlin. Geschichte der grössten Mietkasernenstadt in der Welt；Berlin: Kiepenhauer, 1930; republ., Berlin: Ullstein, 1963）；罗伯特·E·迪金森（Robert E. Dickinson）的《西欧城市：一种地理学解释》（The West European City ...）（见本章注释 6），尤其见于第十三章 "柏林"（"Berlin", pp. 236—249）；弗里茨·舒马赫（Fritz Schumacher）的《1800 年以来德国的建筑艺术思潮》（Strömungen in deutscher Baukunst seit 1800）（见本章注释 1）；埃里希·黑内尔（Erich Haenel）和海因里希·查尔曼（Heinrich Tscharmann）的《现代小住宅》（Das Kleinwohnhaus der Neuzeit；Leipzig: J. J. Weber, 1913）；沃尔特·穆勒-沃尔科（Walter Müller-Wulckow）的《德国现代建筑艺术》（Deutsche Baukunst der Gegenwart；Königstein im Taunus-Leipzig: Karl Robert Langewiesche, 1909）；赫尔曼·齐勒尔（Herman Ziller）的《申克尔》（Schinkel；Bielefeld-Leipzig: Velhagen & Klasing, 1897）；W·弗雷德（W. Fred）的《公寓及其设施》（Die Wohnung und ihre Ausstattung；Bielefeld-Leipzig: Velhagen & Klasing, 1903）；海因茨·约翰内斯（Heinz Johannes）的《柏林的新建筑：附 168 张图片的指南》（Neues Bauen in Berlin. Ein Führer mit 168 Bildern；Berlin: Deutscher Kunstverlag, 1931）；罗尔夫·拉韦（Rolf Rave）和汉斯-乔基姆·克勒费尔（Hans-Joachim Knöfel）的《1900 年以来的柏林建设》（Bauen seit 1900 in Berlin；Berlin: Kiepert, 1968）；阿道夫·贝奈（Adolf Behne）的《从安哈尔特车站到包豪斯》（Vom Anhalter bis zum Bauhaus；1922; republ. in Bauwelt, no. 41—42, 1961）；彼得·贝伦斯（Peter Behrens）的《柏林的未来》（"Il futuro di Berlino"），载于《持续美好住房》（Casabella-contnuità），第 240 期（1960 年 6 月），第 33 页，文章的翻译版于 1912 年 11 月 27 日发表在报纸《柏林晨报》（Berliner Morgenpost）上。另见下列期刊：《现代建筑形式》（Moderne Bauformen，尤其是 1920—1930 年之间的）；《建筑世界》（Bauwelt）；《德国建筑》（Deutsche Architektur）；以及柏林的德国建筑学院和巴特戈德斯贝格宇宙研究所的

出版物。

14. 在意大利文的文献中,居住区(siedlung)被翻译为街区(quartiere),这一翻译既是不准确的也是令人惋惜的。这个词实际上具有"定居点"和"群体居住地"这种更普遍的含义,它也被广泛地用于德国城市周边的新住宅开发项目。哈辛格尔对居住区(siedlung)进行了如下定义:"从广义上说,居住区(siedlung)是任意的人类定居点,甚至是漂泊不定的猎人的庇护所……以及在一个地方停留一段时间的游牧牧民的营地,或是一个固定的住所,譬如农场、村庄或者城市"。见弗里茨·克鲁特(Fritz Klute)编的《普通地理学:地理学手册》(*Allgemeine Geographie. Handbuch der Geographischer Wissenschaft*;Potsdam: 2 vols., 1933),第二卷,第 403 页。这一著作是在克鲁特指导下进行的大量工作的一部分,除了刚提到的两卷 [第一卷《物理地理学》(*Physikalische Geographie*),第二卷《地球上的生命》(*Das Leben auf der Erde*)] 外,另有 11 卷关于区域地理学的成果在 1930—1939 年间出版。雨果·哈辛格尔(Hugo Hassinger)负责的部分是"人文地理学"(Die Geographie des Menschen;Anthropogeographie),第二卷,第 167—542 页,其中一章为"居住地理学(Siedlungsgeographie)",第 403—456 页。

15. 见拉斯姆森(Rasmussen)的《城镇和建筑物实录》(*Towns and Buildings Described in Drawings and Words*;1st American ed., Cambridge, Mass.: Harvard Univ. Press, 1951)。关于光辉城市,见勒·柯布西耶(Le Corbusier)的《光辉城市:适应机器文明的城市规划学说要素》(*La Ville Radieuse. Eléments d'une doctrine d'urbanisme pour l'équipement de la civilisation machiniste*;Boulogne-sur-Seine: Editions de "L'Architecture d'Aujourd'hui," 1935; republ., Paris: Vincent, Fréal & Cie., 1964)。对田园城市的评价,罗德温(Rodwin)的观点仍然是最现代的,他对新城镇和整个英国的城市体验进行了精确而实际的评价。见劳埃德·罗德温(Lloyd Rodwin)的《英国的新城政策》(*The British New Town Policy*;Cambridge, Mass.: Harvard Univ. Press, 1956)。罗德温在总结各种英国的提案时指出:"特别对提议者来说,这些提案给出了英国习惯性和巧妙性妥协的另一个例证,简而言之,'英国式的最佳思维:总是联系实际,总是保持理想'。在霍华德所有的创新中,这一个被证明是最成功的。刘易斯·芒福德(Lewis Mumford)的评论有力地说明了这些理念对某些人的思想产生了多么巨大的影响:'在 20 世纪初,我们看到了两个伟大的新发明:飞机和田园城市,它们都是新时代的预兆,前者为人类插上了翅膀,而后者向人类承诺当他们降落地面时有更好的居所'"(第 12 页)。罗德温引用的段落见芒福德的《田园城市思想和现代规划》(*The Garden City Idea and Modern Planning*)。该段落是他于 1945 年为埃比尼泽·霍华德(Ebenezer Howard)的《明日的田园城市》(*Garden Cities of Tomorrow*)一书所撰写的绪论(London: Faber and Faber, 1945);第一版名为《明天：一条通向真正改革的和平之路》（*Tomorrow: A Peaceful Path to Real Reform*），1898 年；第二版更名为《明日的田园城市》（*Garden Cities of Tomorrow*），1902 年。

16. 多格利奥（Doglio）在一篇文章中提出了对英国经验的评价，尽管存在一些问题，却是富有启发性的，我认为这是意大利二战后关于城市规划的著作中最激动人心和最富才华的论著之一，题为《田园城市的误解》（L'equivoco della città-giardino），载于《城市规划》杂志（*Urbanistica*, XXIII），第 13 期（1953 年），第 56—66 页；这篇文章摘选自一篇长文，分章节发表于《自由》杂志（*Volontà*, VIII，第 1/ 2, 3, 4, 5, 6/7 期；1953 年），以同样的题目发表时采用了小册子的形式（Naples: Edizioni R. L. 1953；2d ed., Florence: Crescita Politica Editrice, 1974）。田园城市，就其所有含义而言，是对欧洲建筑极为重要的一个讨论焦点，需要进行大量研究。

17. 多格利奥（Doglio）的文章，引文见第 56 页。

18. 见威利·黑尔帕赫（Willy Hellpach）的《人类与大城市居民》（*Mensch und Volk der Grossstadt*；Stuttgart: Ferdinand Enke, 1939; 2d ed. rev., 1952）。引文摘自此书的前言（第 9 页），总结了题为"城市种族类型的起源与形成"（The origin and formation of urban ethnic types）的报告，该报告是黑尔帕赫于 1935 年在柏林召开的国际人口学大会（International Congress of Demographers）上所作。

19. 见大卫·刘易斯（David Lewis）的《谢菲尔德帕克山的居住区：革命性的经验》（"Complesso residenziale Park Hill a Sheffield. Un'esperienza rivoluzionaria"），载于杂志《持续美好住房》（*Casabella-continuità*），第 263 期（1962 年 5 月），第 5—9 页，引文见第 7 页。

20. 见巴尔特（Bahrdt）的《现代大城市：城市规划的社会学考虑》（*Die moderne Grossstadt, Soziologische Uberlegungen zum Städtebau*；Hamburg: Rowohlt, 1961）。

21. 见米利齐亚（Milizia）的《民用建筑原理》（*Principj di architettura civile*），第 663 页。

22. 见丰塔纳（Fontana）的《梵蒂冈方尖碑的运输和教皇西克斯图斯五世的建筑，圣殿建筑师卡洛·丰塔纳纪实》（*Della Trasportatione dell'Obelisco Vaticano et delle Fabriche di Nostro Signore Papa Sisto V, fatto dal Cav. Carlo Fontana, Architetto di Sua Santità*；Rome, 1590; 2d ed., Naples, 1604），第二部分，第 18 页；引用于西格弗里德·吉迪恩（Sigfried Giedion）的《空间、时间与建筑》（*Space, Time and Architecture*；Cambridge, Mass.: Harvard Univ. Press, 5th ed. rev., 1967），第 106 页。吉迪恩在他的《西克斯图斯五世（1585—1590）与罗马的巴洛克规划》["Sixtus V（1585—1590）and the Planning of Baroque Rome"] 的一章（第 75—106 页）中，讨论了大斗兽场功能的转变。正是吉迪恩首次认识到了这

种转变，尽管其出发点并不相同。

23. 见弗朗索瓦丝·勒乌（Françoise Lehoux）的《圣日耳曼的佩雷镇：从初始到百年战争结束》（*Le Bourg Saint-Germain-des-Prés depuis ses origines jusqu' à la fin de la Guerre de Cent Ans* ; Paris: the author, 1951）；及皮埃尔·拉韦丹（Pierre Lavedan）的《法国城市》（*Les villes françaises*）。关于巴黎的形成，除了马塞尔·博埃特（Marcel Poète）的论著外，还有一些对历史地形的重要研究，在巴黎历史图书馆的系列图书中，见路易斯·哈尔芬（Louis Halphen）的《卡佩王朝统治下的巴黎（987—1223）：历史地形研究》[*Paris sous les premiers Capétiens（987—1223）. Etude de topographie historique* ; Paris: Ernest Leroux, 1909]。一些研究对城市结构的历史而言尤为重要，它们提供了一系列日期和信息，使人们能深刻理解现代城市形成中的城市动力机制。在同一系列中，见乔治·于斯曼（Georges Huisman）的《巴黎当局的管辖权限：从圣路易斯到查理七世》（*La juridiction de la Municipalité parisienne, de Saint Louis à Charles VIIᵉ* ; Paris: Ernest Leroux, 1912），尤其见于第七章："城市财产权限""市政公共财产权限""私有财产权限"（"La juridiction du domaine de la ville""La juridiction du domaine municipal public""La juridiction du domaine privé"）。

24. 见皮雷纳（Pirenne）的《城市与城市机构》，两卷本（*Les villes et les institutions urbaines, 2 vols.* ; 4th ed., Paris: Félix Alcan, and Brussels: Office de Publicité, 1939），以及皮雷纳的《中世纪的城市：论经济和社会历史》（*Les villes du Moyen-Age. Essai d' histoire économique et sociale* ; Brussels: Maurice Lamertin, 1927），英文版译者为 I·E·克莱格（I. E. Clegg ; *Economic and Social History of Medieval Europe* ; New York: Harcourt, Brace and World, 1937）。

25. 见皮雷纳（Pirenne）的《城市与城市机构》（*Les villes et les institutions urbaines*），第 345 页。

26. 同上，第 338 页。

27. 同上，第 48 页。

28. 见温琴佐·里齐（Vincenzo Rizzi）的《巴里的＜穆拉第规约＞：特殊建筑法规》（*I cosidetti Statuti Murattiani per la città di Bari. Regolamenti edilizi particolari* ; Bari: Leonardo da Vinci, 1959）。

29. 见霍尔的《伦敦 2000》（Hall, *London 2000* ; London: Faber and Faber, 1963）. 见第 26, 162—164 页。

30. 见巴拉尔的《19 座历史城市的形象》（Barral, *Diecinueve figuras de mi historica civil* ; Barcelona: Jaime Salinas, 1961）。

31. 见欧仁 - 维奥莱 - 勒 - 杜（Eugène-Emmanuel Viollet-le-Duc）的《11 世纪至 16 世纪法国建筑词典》（*Dictionnaire raisonné de l' architecture*

française... ），第八卷"风格"（Style）部分，第 480 页。对维奥莱 - 勒 - 杜来说，建筑是深刻观察原则的结果，艺术能够也必须置于这些原则上。建筑师必须探寻这些原则，并用严谨的逻辑推断其所有后果。

32. 将这段话与约翰 · 萨默森（John Summerson）对"城市形式"的如下论述 [见汉德林（Handlin）和伯查德（Burchard）的《史学家与城市》（The Historian and the City，第 165—176 页] 相比较："……因为我倾向于谴责那种专注于建筑而牺牲总体建筑产出的城市历史研究，这种研究或许是优秀的建筑历史研究，但它一定不是将城市作为建成物的历史研究。我们的史学家应当与由大理石、砖和灰浆、钢铁和混凝土、沥青混合物和碎石、金属管道和栏杆等构成的所有物质体量——整个建成物保持良好的关系。他应当在一定范围内对这些内容进行全面的研究。"

33. 见贝伦森（Berenson）的《文艺复兴时期的意大利画家》（The Italian Painters of the Renaissance；London: Phaidon, 1952），第 10 页。这本书收录了四篇分别发表于 1894—1907 年间的文章。

34. 见斯梅尔斯（Smailes）的《城镇地理学》（The Geography of Towns；London: Hutchinson Univ. Library, 1953; rev. ed., 1957），第一版，第 103 页。

35. 见拉韦丹（Lavedan）的《城市地理学》（Géographie des villes），见第一章注释 20，第 91—92 页。作者继续写道："这种生成元素不一定与生成城市的元素相同。例如，我们已经看到，许多城市源于泉水，这些泉水几乎从来没有对道路的路线产生影响；相反地，它们经常位于实际的聚集处之外。卡奥尔城（Cahors），即古时候的迪沃那城（Divona Cadurcorum），就是这样的例子；吸引了第一批居民到来的泉水与罗马卡奥尔城的距离等同于它与中世纪或现代城市的距离。如果卡奥尔城最初是一个靠近泉水的城市，那么它的平面布局就是位于大道上的城市的平面布局……平面布局的生成要素与城市的生长要素相对应，而不是与城市的初始要素相对应"（第 92 页）。

36. 见乔治 · 古斯多夫（Georges Gusdorf）的《有问题的大学》（L' Université en question；Paris: Payot, 1964），第 83 页。

37. 见克劳德 · 列维 - 斯特劳斯（Claude Lévi-Strauss）的《悲伤的热带》（Tristes Tropiques，见第一章注释 2），英文版第 126 页。

第三章　城市建成物的个性：建筑

1. 有关"场所"和"空间划分理论"，见马克西米利安 · 索尔（Maximilien Sorre）的《城市地理学与生态学》（"Géographie urbaine et écologie"）一文，引自《城市规划与建筑》（Urbanisme et architecture）（见第一章注释 6）；索尔的《地理学与社会学的结合》（Rencontres de la géographie et de la sociologie；Paris: Librairie

Marcel Rivière & Cie., 1957）；列维 – 斯特劳斯的《悲伤的热带》（Claude Lévi-Strauss, *Tristes Tropiques*），见第一章注释 2；马塞尔·莫斯（Marcel Mauss）的《试论爱斯基摩群体季节性的变化：社会形态学研究》（"Essai sur les variations saisonnières des sociétés eskimos"），见第一章注释 6。在这最后一项研究中，莫斯谈到了为何群体名称通常也是地名，以及爱斯基摩人最后一个音节 "mut" 表示 "某地居民" 的含义。以这样的方式，原始民族根据他们所在的领土来表明：此人是来自这座山的人，或者是来自那条河的人，等等。这种起因的意义在两个点的连接上变得清晰起来，路径因此具有一种主观价值。另见莫里斯·哈布瓦赫（Maurice Halbwachs）的《福音中有关土地神的传奇地形；集体记忆的研究》（*La topographie légendaire des Evangiles en Terre sainte. Etude de mémoire collective* ; Paris: Presses Universitaires de France, 1941）。乔治·弗里德曼（Georges Friedmann）在为哈布瓦赫的另一本书写序言时，揭示了这本著作的重要意义。弗里德曼强调，尽管哈布瓦赫的研究没有清楚地表明这种意义，但却引出了其他伟大的著作，例如大卫·弗里德里希·施特劳斯（David Friedrich Strauss）以及欧内斯特·勒南（Ernest Renan）所写的有关基督教起源问题的论著。弗里德曼的序言是为哈布瓦赫的这部作品写的，《社会阶级心理学概要》（*Esquisse d' une psychologie des classes sociales* ; Paris: Librairie Marcel Rivière & Cie.,1955）。

2. 见埃杜（Eydoux）的《高卢的古迹与珍品：考古新发现》（*Monuments et trésors de la Gaule. Les récentes découvertes archéologiques* ; Paris: Plon, 1958; 2d ed., Union Générale d' Editions, 1962），尤其见于第二章，"沙利昂高卢联邦都城昂特蒙城中的生灵、英雄和艺术家"（"Dieux, héros et artistes à Entremont, capitale de la confédération gauloise des Salyens"）。另见埃杜的《法国的死亡城市和该诅咒的场所》（*Cités mortes et lieux maudits de France* ; Paris: Plon, 1959）。就城市研究而言，普罗旺斯考古遗址的研究具有特殊的意义，因为这些地方尚存大量的古迹和资料。在这方面，古罗马高卢的考古地图构成了一种具有头等重要意义的资料。见法兰西学院铭文和纯文学研究院（Institut de France, Académie des Inscriptions et Belles Lettres）的《古罗马世界的面貌：古罗马高卢的考古地图》（*Forma Orbis Romani. Carte archéologique de la Gaule Romaine* ; Paris: Ernest Leroux）。第一、二、四、五、六和第七张地图在 1931—1939 年间出版，其余地图在二战后出版。每一张地图的比例为 1：200 000，且包括若干区域。有关普罗旺斯的城市发展研究，另见费弗里埃（Paul-Albert Février），《普罗旺斯地区中的城市发展：自古罗马时期至 14 世纪末期（考古学与城市历史）》（*Le développement urbain en Provence de l' époque romaine à la fin du XIVe siècle* ; Archéologie et histoire urbaine ; Paris: E. de Broccard, 1964）。

3. 见福西永（Focillon）的《形式的生命》（*Vie des formes* ; Paris: Ernest

Leroux, 1933）；《形式的生命：手的赞歌新续版》（*Vie des formes. Editions nouvelle, suivie de l'éloge de la main* ; Paris: Félix Alcan, 1939）；1948 年出版了英译版（*The Life of Forms in Art* ; 2d ed., New York: Wittenborn, Schultz, 1948）。在引文中表达的概念可被概括地认为是福西永进行科学研究的基础。另见福西永的《西方艺术：中世纪的罗马风和哥特艺术》（*Art d'occident. Le Moyen Age roman et gothique* ; Paris: Armand Colin, 1938）。福西永在序言中评论道："我们的研究不是一个起始，也不是一本考古学手册，而是一部历史，是根据时间和空间的不同，建立在事实、理念和形式之间的关系的一项研究，其中的形式不能被认为仅有观赏价值。它们参与了历史活动，且它们生动有力地勾画且表现出了历史的活动轨迹。中世纪艺术不是一种自然的聚集，也不是一个社会的被动表达；在很大程度上，中世纪本身就是中世纪艺术的产物。"

4. 见雅各布·布克哈特（Jacob Burckhardt）的《世界历史研究》（*Weltgeschichtliche Betrachtungen* ; Stuttgart: Alfred Kröner, 1963），英译版，《力量与自由：对历史的反思》（*Force and Freedom: Reflections on History* ; New York: Pantheon,1943），第 318 页。

5. 见路斯（Loos）的《尽管集：1900—1930 年的全部文章》（*Trotzdem. Gesammelte Aufsätze 1900—1930* ; Innsbruck: Brenner, 1931）。引文来自于本书中一篇 1910 年的文章《建筑学》（"Architektur"）。《尽管集：1900—1930 年的全部文章》是路斯一生中所发表的两本书之一，这本书是他文章、演讲以及其他作品的汇编；另一本书是《空洞的评论：1897—1900 年维也纳报纸和杂志中的文章》（*Ins Leere gesprochen. Aufsätze in Wiener Zeitungen und Zeitschriften aus den Jahren 1897—1900* ; Paris: Georges Crès, 1921 ; 2d ed. rev., Innsbruck: Brenner, 1932）。两本书都重新发表在《阿道夫·路斯全集》（*Adolf Loos, Sämtliche Schriften.* ; Vienna-Munich:Herold, 1962）的第一卷，该书由弗朗茨·格吕克（Franz Glück）编。与本书中的论点相关的路斯研究的参考书目以及对路斯研究的评价，见罗西的文章《阿道夫·路斯：1870—1933》（"Adolf Loos. 1870—1933"），发表于杂志《持续美好住房》（*Casabella-continuità*）第 233 期（1959 年 11 月），第 5—12 页、第 23 页，重新发表于罗西的《建筑与城市文选，1956—1972 年》（*Scritti scelti...*），第 78—106 页。

6. 见雨果的《巴黎圣母院》（*Notre-Dame de Paris*），载于《维克多·雨果作品全集》（*Oeuvres complètes de Victor Hugo* ; Paris: Albin Michel-Ollendorf, 1904），另有英译版（Boston: Estes and Lauriat, n.d.）。这部小说首次出版于 1832 年，引文出自其英译版的第三册，第一章，第 170 页。另见本章注释 12。

7. 见拉博德（Laborde）的《以历史事件和艺术研究来鉴定按年代分类的法国纪念物》，两卷本（*Les Monuments de la France classés chronologiquement et*

considérés sous le rapport des faits historiques et de l'étude des arts, 2 vols. ; Paris, 1816—1836)。引文见第一卷，第 57 页。

8. 见克劳德 · 尼古拉斯 · 勒杜（Claude-NicolasLedoux）的《从艺术、道德和法律方面研究建筑》（ *L' Architecture considerée sous le Rapport de l' Art, des Moeurs et de la Législation* ; Paris, 1804)；另见第二版遗著《克劳德 · 尼古拉斯 · 勒杜的建筑》（ *L' Architecture de Claude-Nicolas Ledoux* ; Paris: Lenoir, 1847)。

9. 见维奥莱 – 勒 – 杜的《11 世纪至 16 世纪法国建筑词典》（ *Dictionnaire raisonné...*), 引自第二章注释 9。关于盖拉德堡（Gaillard Castle）的描述在书中第三卷，第 82—102 页。这座位于安德利斯（Andelys）附近的城堡，是由狮心王理查（Richard the Lionhearted）建造的。这座城堡是通往诺曼底的门户，它的建造是用来抵御法国国王的进攻。这座城堡式的要塞是塞纳河上一个完整的防御工事体系，它所处的位置使得河水可以保护鲁昂（Rouen）免受来自巴黎军队的袭击。它的战略性的布局被证明是非凡的，尤其在英格兰和法国国王之间的斗争中表现得十分明显。维奥莱 – 勒 – 杜相当重视这个方面，并提到了阿希尔 · 德维尔（A. Deville）的论著，《盖拉德堡和抵御菲利普 · 奥古斯特围攻的历史，1203—1204 年》（ *Histoire du château Gaillard et du siège qu' il soutint contre Philippe-Auguste, en 1203 et 1204* ; Rouen: E. Frère, 1929 1st ed.,1849)。

10. 见阿尔伯特 · 德芒戎（Albert Demangeon）的《人文地理学问题》（ *Problèmes de Géographie humaine* ; Paris: Armand Colin, 1952)。尤其见于《法国乡村住房：试论主要类型的分类》（ "L' habitation rurale en France. Essai de classification des principaux types"), 第 261—287 页；第一次出版于《地理学年鉴》（ *Annales de Géographie*, XXIX)，第 161 期（1920 年 9 月 15 日），第 352—375 页。本书于 1942 年作为遗作首次发表，是德芒戎文章的汇编，其中大部分已经在《地理学年鉴》中刊登过。

11. 见勒 · 柯布西耶（Le Corbusier）的《思考城市规划的方法》（ *Manière de-penser l' Urbanisme* ; Paris: Editions de l' Architecture d' Aujourd' hui; rev. ed., Editions Gonthier,1963)；弗朗索瓦 · 德 · 皮埃尔夫（François de Pierrefeu）和勒 · 柯布西耶（Le Corbusier）的《人类的住房》（ *La maison des hommes* ; Paris:Plon, 1942)。

12. 关于雨果和建筑的论述，有一部有关 19 世纪文化和建筑之间所有关系的精彩论著最近在法国出版：让 · 马里翁（Jean Mallio）的《维克多 · 雨果和建筑艺术》（ *Victor Hugo et l' art architectural* ; Paris: Presses Universitaires de France, 1962)。

13. 人与环境的关系。见马克西米利安 · 索尔（Maximilien Sorre）的文章《城市地理学与生态学》（ "Géographie urbaine etécologie")；索尔（Sorre）的《地理学与社会学的结合》（ *Rencontres de la géographie et de la sociologie*)；威利 · 黑尔帕赫

（Willy Hellpach）的《人类与大城市居民》（*Mensch und Volk der Grossstadt*）。这些均在前面引用过。另见我的文章《大都市人》（"L'uomo della metropoli"），载于《持续美好住房》（*Casabella-continuità*），第 258 期（1961 年 12 月），第 22—25 页。在重复一个也被黑尔帕赫（在其作品第 23—24 页）引用过的俾斯麦（Bismarck）的著名评论时，我写道，在威廉城（Wilhelmian），移民享有某种适宜程度上的自由，或者至少比他在乡村自由些，这种自由也在于这样一个事实：它是一种城市形式，其中的某些结构或生长模式适合于整个城市的集合体。尽管美化和扩张首都的意图往往掩盖了风险投资的强大力量，但最终的美化成果至少在一定程度上是所有公民共同享有的。此外，这种资产阶级城市的形式具有一定的意义，其市民参与了其住宅、管理结构以及较大的纪念性工程的建设；当然，黑尔帕赫所说的大都市的人可以在那里提升和精练自身的感知能力，而俾斯麦所说的农民能够在宽阔的菩提树大街上散步，找个地方坐下来"听些音乐"再"喝点啤酒"。关于资产阶级大城市的论战，另见本书的第四章我对恩格斯和黑格曼论点的讨论。

14. 见凯文·林奇（Kevin Lynch）的《城市意象》（*The Image of the City*），见第一章注释 5。

15. 见查斯特尔（Chastel）的《洛朗·勒·玛尼菲克时期的佛罗伦萨艺术和人文主义：关于文艺复兴和柏拉图人文主义的研究》（*Art et Humanisme à Florence au temps de Laurent le Magnifique. Etudes sur la Renaissance et l'Humanisme platonicien*；Paris: Presses Universitaires de France, 1959）。

16. 见保罗·弗雷亚尔·西厄尔·德·湘特路（Paul Fréart Sieur de Chantelou）的《卡瓦利埃·伯尔尼尼的法国旅行日记》（"Journal du voyage du Cavalier Bernini en France"），载于杂志《美术新闻》（*Gazette des Beaux Arts*；Paris），在 1883—1885 年间定期出版，后于 1815 年再次以摘录的形式在巴黎出版；意大利文版译者为斯特凡诺·博塔里（Stefano Bottari, *Bernini in Francia*；Rome: Edizioni della Bussola, 1946）。

17. 关于革命建筑师的论述，见埃米尔·考夫曼（Emil Kaufmann）的以下论著：《从勒杜到勒·柯布西耶：自主建筑学的起源和发展》（*Von Ledoux bis Le Corbusier. Ursprung und Entwicklung der autonomen Architektur*；Leipzig-Vienna: Dr. Rolf Passer, 1933）；《三位革命建筑师：布雷、勒杜和勒库》（*Three Revolutionary Architects. Boullée, Ledoux and Lequeu*；Philadelphia: The American Philosophical Society, 1952）；《理性时代的建筑：英国、意大利和法国的巴洛克及后巴洛克》（*Architecture in the Age of Reason. Baroque and Post-Baroque in England, Italy, and France*；Cambridge, Mass.: Harvard Univ. Press, 1955）。有关"革命建筑师"这个词的造词以及由此发展而来的相反的论点，见汉斯·赛德迈尔（Hans Sedlmayr）的以下著作：《现代艺术的革命》（*Die Revolution der modernen*

Kunst；Hamburg: Rowohlt, 1955）；《其中的损失：作为时代征兆和象征的 19 世纪的造型艺术》（*Verlust der Mitte, Die bildende Kunst des 19 und 20 Jahrhunderts als Symptom und Symbol der Zeit*；Salzburg: Otto Müller, 1948）。对这些论点进行概括性的评价，见我的研究：《埃米尔·考夫曼和启蒙运动建筑》（Aldo Rossi, "Emil Kaufmann e l'architettura del'Illuminismo"），载于杂志《持续美好住房》（*Casabella-continuità*），第 222 期（1958 年 11 月），第 42—47 页；《我们所拒绝的批评》（"Una critica che respingiamo"），载于杂志《持续美好住房》（*Casabella-continuità*），第 219 期（1958 年 5 月），第 32—35 页。这两篇文章均再次发表于《建筑与城市文选，1956—1972 年》（*Scritti scelti...*）中，对这些作品的一个不可或缺的分析和普遍性的批判见路易斯·奥特尔克尔（Louis Hautecoeur）的《法国古典建筑历史》（*Histoire de l'architecture classique en France*），见第一章注释 11。关于法国大革命时期艺术和科学之间关系的评价，见约瑟夫·法耶（Joseph Fayet）的《法国大革命和科学：1789—1795》（*La Révolution française et la science. 1789—1795*；Paris:Marcel Rivière & Cie., 1960）。

18. 见安德烈·查斯特尔（André Chastel）的《佛罗伦萨艺术和人文主义》（*Art et Humanisme à Florence*），第 148 页；鲁道夫·维特克尔（Rudolf Wittkower）的《人文主义时期的建筑原则》（*Architectural Principles in the Age of Humanism*；London: Warburg Institute,1949; 2d ed., Alec Tiranti, 1952）。

19. 引自安德烈·查斯特尔（André Chastel）的《佛罗伦萨艺术和人文主义》（*Art et Humanisme à Florence*），第 149 页。

20. 众所周知，向心性布局是建筑历史中经典的论题之一。在具有极强活力的城市之中，米兰的圣洛伦佐教堂是一个非凡的城市建成物，是一个特殊的经久物，建筑和历史共同构成了教堂的形象，这个形象与城市拥有的纪念物的集体性观念有关。以下是一系列理解和分析这座纪念物的基本研究：阿里斯蒂德·卡尔德里尼（Aristide Calderini）的《不朽的地区：米兰的圣洛伦佐教堂》（*La zona monumentale di San Lorenzo in Milano*；Milan: Ceschina, 1934）；朱利叶斯·科特（Julius Kohte）的《米兰的圣洛伦佐教堂》（*Die Kirche San Lorenzo in Mailand*；Berlin: Ernst und Korn, 1890）；基诺·基耶里奇（Gino Chierici）的《圣洛伦佐教堂的研究》（"Un quesito sulla basilica di San Lorenzo"），载于《帕拉第奥：建筑史评论》（*Palladio. Rivista di storia dell'architettura, II*），第 1 期（1938 年），第 1—4 页；费尔南德·德·达尔坦（Fernand de Dartein），《伦巴第建筑和罗马 – 拜占庭建筑起源的研究》，两卷本（*Etude sur l'Architecture lombarde et sur les origines de l'Architecture romano-byzantine, 2 vols.*；Paris: Dunod, 1865—1882），在马里奥·博蒂（Mario Botti）的指导下，于 1963 年在米兰重印；埃伯哈德·亨佩尔（Eberhard Hempel）的《弗朗西斯科·波罗米尼》（*Francesco Borromini*；Vienna: Anton Schroll &

Co., 1924）；亨利·德·戈耶穆勒（Henry de Geymüller）的《附有大量复原图和说明的布拉曼特、拉斐尔·桑西、佛拉 - 乔康多、桑迦洛等人所做的罗马圣彼得大教堂初始方案真迹复制的首次发表》，两卷本（*Les projets primitifs pour la Basilique de Saint-Pierre de Rome par Bramante, Raphael Sanzio, Fra-Giocondo, les Sangallo, etc., publiés pour la première fois in fac-simile avec des restitutions nombreuses et un texte*, 2 vols.；Paris: J. Baudry, and Vienna: Lehmann et Wentzel, 1875—1880）。

21. 见艾莫尼诺（Aymonino）的《关于服务和设施之间关系的分析》（"Analisi delle relazioni tra i servizi e le attrezzature"），第33—45页，见第一章注释12。引文见第44页。这篇文章重新发表于艾莫尼诺的《城市的意义》（*Il significato delle città*）一书，见第一章注释12。

22. 有关罗马和罗马广场的论述，见以下著作：费迪南德·卡斯塔尼奥利、卡洛·切凯利、古斯塔沃·乔瓦诺尼和马里奥·佐卡（Ferdinando Castagnoli, Carlo Cecchelli, Gustavo Giovannoni, and Mario Zocca）的《罗马的地形和城市规划》（*Topografia e urbanistica di Roma*；Bologna: Licinio Cappelli, 1958）；杰罗姆·卡尔科皮诺（Jérôme Carcopino）的《帝国盛期时罗马城中的日常生活》（*La vie quotidienne à Rome à l'apogée del' empire*；Paris: Hachette, 1939）；莱昂·奥莫（Léon Homo）的《帝国时期的罗马城的与古代的城市规划》（*Rome impériale et l'urbanisme dans l'antiquité*；Paris: Albin Michel, 1951）；朱塞佩·卢利（Giuseppe Lugli）的《古代罗马城：不朽的中心》（*Roma antica. Il centro monumentale*；Rome: Giovanni Bardi, 1946）；卢多维科·夸罗尼（Ludovico Quaroni）的《一座永恒的城市——2700年的四门课程》（"Una città eterna—quattro lezioni da ventisette secoli"），载于《城市规划：罗马城与规划》（*Urbanistica*, Roma città e piani；Turin, n.d.），第5—72页（增补并重新发表于夸罗尼（Quaroni）的《罗马城形象》（*Immagine di Roma*；Bari: Laterza, 1969; 2d ed., 1976）一书中；彼得罗·罗马内利（Pietro Romanelli）的《罗马广场》（*Il foro romano*；Bologna: Licinio Cappelli, 1959）。关于视罗马建成物为连续统一体一部分的那些极其有趣的资料，见夸罗尼的著作，例如在第15页上的这篇文章："然而，最让我们感兴趣的是，从建筑角度讲，'pomoerium'指的是城市的边界，我们会说，它是发展规划和建筑规范的边界；超出边界的建设都是没有价值的，因为在这一点外便被认为不属于城市了。对于防卫、距离适宜和管理的经济性来说，它被认为是一个持续不断的建设区域，并且受到尽可能严格的限制。自然地，没有什么能阻止最贫穷的人群，那些没有享受到所有公民权利的人在边界外面建造他们的非法棚屋（barrache），欧洲大陆上产生了大量村庄，就像今天在罗马周围大量激增的贫民窟、非法和半乡村的郊区一样，那里低廉的土地价格和便利的交通工具促进了人们的聚居。"从这种分析的角度来看，罗马，尤其是帝国时期的罗马，其缺陷、滥用和矛盾，以一种与大型现代城市类似的形象告终。夸罗尼进一步强调了罗马式的管理和建设原则与罗马现实的生活条件之间的关系，这种关系将初始特征的持久性以及初始特征与多样化外来元素的混合性刻画成一种特性。通过大量的分析材料，对罗马城市变迁的一种主要的系统性研究，无疑对城市科学的基本价值有着重要的意义。

23. 见维吉尔（Virgil）的《伊尼依德》（Aeneid, Bk. VIII, 11. 359—60.）。卡里那埃（Carinae）曾经坐落于埃斯奎利诺山丘（Esquiline hill）上，在奥古斯都时期的罗马，这里曾经兴起了最为富有和不朽的街区之一；罗萨·卡尔齐启·奥内斯蒂（Rosa Calzecchi Onesti）注意到它们位于"今天的圣彼得锁链教堂（S. Pietro in Vincoli）坐落的小高地和下面的山谷之间"。见卡尔齐启在这本书的翻译及绪论（Eneide；Turin: Giulio Einaudi, 1967）。

24. 见泰特斯·李维乌斯（Titus Livius）的《自罗马建都以来》（Ab urbe condita, chap. LV.），第 5 册，第 55 章。

25. 见亚里士多德（Aristotle）的《政治学》（Politics；Cambridge, Mass.: Harvard Univ. Press, 1962）第 7 册，第 593 页。

26. 见彼得罗·罗马内利（Pietro Romanelli）的《罗马广场》（Il foro romano），第 26 页。

27. 见马塞尔·博埃特（Marcel Poète）的《城市规划导论》（Introduction à l'urbanisme），第 368 页。

28. 见费迪南德·卡斯塔尼奥利（Ferdinando Castagnoli）、卡洛·切凯利（Carlo Cecchelli）等合著的《罗马的地形和城市规划》（Topografia e urbanistica di Roma）。图尔农的评论在附录中被乔瓦诺尼引用：见"第三部分：从文艺复兴时期到 1870 年的罗马"（"Parte Terza. Roma dal Rinascimento al 1870"），第 537—538 页；另见保罗·马可尼（Paolo Marconi）的《朱塞佩·瓦拉迪尔》（Giuseppe Valadier；Rome: Officina Edizioni, 1964），尤见第九章，"法国的占领"（L'occupazione francese），第 168—187 页。

29. 见多梅尼科·丰塔纳（Domenico Fontana）的《梵蒂冈方尖碑的运输和教皇西克斯图斯五世的建筑，圣殿建筑师卡洛·丰塔纳纪实》（Della trasportatione dell'Obelisco Vaticano ...），第一册，第 101 页；被引用于西格弗里德·吉迪恩（Sigfried Giedion）的《空间、时间与建筑》（Space, Time and Architecture）（见第二章注释 22），第 93 页。

30. 引自吉迪恩的著作，见上一条注释（注释 29），第 93 页。

31. 同上，第 96—98 页。

32. 见吉恩－尼古拉斯－路易斯·杜兰（Jean-Nicolas-Louis Durand）的《综合理工学院的建筑学课程》（Précis des leçons d'architecture ...）第一卷，第 17 页（见第一章注释 9）。另见杜兰的《出现在与此新研究的课程目录之前的皇家工学院重建以来的建筑制图专业》(*Partie graphique des cours d'architecture faits à l'Ecole Royale Polytechnique depuis sa réorganisation, précédée d'un sommaire des leçons relatives à ce nouveau travail* ; Paris, 1821），见艾莫尼诺在其著作中提及杜兰的部分，见第一章注释 12。

33. 见卡洛·卡塔尼奥（Carlo Cattaneo）的《城市是意大利历史的理想起因》(*La città considerata come principio ideale delle istorie italiane* ; Milan, 1858），由 G · A · 贝洛尼（G. A. Belloni）编（Florence: Vallecchi, 1931）；重新发表为《城市》(*La Città*)，加布里尔·蒂塔·罗萨编（G. Titta Rosa ; Milan-Rome: Valentino Bompiani, 1949），并被收编在《卡洛·卡塔尼奥：历史和地理文集》（四卷本）(*Carlo Cattaneo. Scritti storici e geografici*, 4 vols ; Florence: Felice Le Monnier, 1957）之中，由加埃塔诺·萨尔韦米尼（Gaetano Salvemini）和埃内斯托·塞斯坦（Ernesto Sestan）编著，见第二卷，第 384—487 页。萨尔韦米尼（Salvemini）在其为《萨尔韦米尼从卡洛·卡塔尼奥论著中选出最精彩的部分》(*La più belle pagine di Carlo Cattaneo scelte da G. Salvemini* ; Milan, 1922）一书所作的序言中论述道，卡塔尼奥的著作《伦巴第的自然与文明……》[*Notizie naturali e civili su la Lombardia...* (of 1844)] 是"区域人文地理学的模式，甚至今天在意大利仍未被超越"（第 I—XXXI 页），重新发表于萨尔韦米尼的《作品（第二卷）：文艺复兴文选》(*Opere*, vol. II: *Scritti sul Risorgimento* ; Milan: Giangiacomo Feltrinelli, 1961），第 371—392 页。另见克罗齐（Croce）的评论，他认为这部著作是意大利历史的裂缝（"卡塔尼奥并没有书写意大利的历史，而是在《伦巴第的自然与文明……》一书中劈开了一个'裂缝'，其令人钦佩的客观性很难让人想象它是在 1848 年之前的几年完成的"）。见贝奈戴托·克罗齐（Benedetto Croce）的《19 世纪意大利编史工作的历史》(*Storia della storiografia italiani nel secolo decimonono*, 2 vols. ; 4th ed., Bari: Laterza,1964）的第一卷，第 211 页。

34. 见卡塔尼奥的《城市是意大利历史的理想起因》(*La città considerata...*)，载于《卡洛·卡塔尼奥：历史和地理文集》(*Scritti storici e geografici*)，第二卷，第 391 页。

35. 同上，第 416 页。

36. 同上，第 387 页。

37. 同上，第 396 页。

38. 同上，第 386 页。

39. 同上，第 406 页。

40. 同上，第 421 页。

41. 见葛兰西（Gramsci）的《三号监狱笔记：再生》(*Quaderni del carcere, 3: Il Risorgimento* ; Turin: Giulio Einaudi, 1964）。引文见昆蒂诺·塞拉（Quintino

Sella）的段落，第 160—161 页。有关罗马作为首都的辩论，见阿尔贝托·卡拉乔洛（Alberto Caracciolo）的精彩著作《首都罗马：从意大利复兴时期到自由政府的危机》（*Roma capitale. Dal Risorgimento alla crisi dello stato liberale*；Rome: Edizioni Rinascita,1976）；另见伊塔洛·因索莱拉（Italo Insolera）的《现代罗马城：一百年的城市规划历史》（*Roma moderna. Un secolo di storia urbanistica*；2d ed., Turin: Giulio Einaudi, 1962）。卡拉乔洛转述了加富尔（Cavour）在 1861 年 3 月 25 日演讲的部分内容，提到皮埃蒙特的居民（Piedmontese）认为"罗马是唯一的一个，不仅只有市政的（当地的）记忆的意大利城市"（第 20 页）。另见卡拉乔洛书中第 10—11 页上的段落："在民族运动中，首先从道德权力上来看，罗马是一种非凡的统一力量。如果整个半岛都能追溯到一个共同的传统的话，那就是罗马。在几个世纪以来，对意大利民族意识起源的研究都无法回避这个有巨大吸引力的名字。在意大利历史上，每一次试图恢复统一的尝试都一定会以这样或那样的路径回到这一点。古罗马的力量和教皇罗马城的权威，是决定并几乎填满了意大利两千多年历史的特征元素。半岛上每一个活跃的力量都必须回应以这座城市的名义凝聚的宗教、政治和道德力量……在文艺复兴的初期，罗马这个名字再一次频繁地出现，常常是同新归尔甫派（neo-Guelphs）及自由主义和民主主义的门外汉一起，因为教会的问题总是在那里，以至于罗马制约了每一次统一和复兴的成功。人们可以试图摧毁它、冷落它，或者使它处在中立的位置，但是绝不可能忽视这座在意大利具有决定性作用的城市（实体）。"

42. 见哈布瓦赫的《集体的记忆》第 132 页（见第一章注释 3）。

43. 见雅各布·布克哈特（Jacob Burckhardt）的《力量与自由》（*Force and Freedom*，见第三章注释 4），第 163 页。

44. 见查尔斯·科伦伊（Károly Kerényi）的《希腊神话：神灵和人类的故事》（*Die Mythologie der Griechen, Die Gotter-und Menschheitgeschichten*；Zurich: Rhein-Verlag,1951）；《希腊英雄》（*Die Heroen der Griechen*；Zurich: Rhein-Verlag, 1958），英译版的译者为 H·J·罗斯（H. J. Rose, *The Heroes of the Greeks*；London: Thames and Hudson, 1959）。文中的引用来自英文版，第 213 页。另见卡尔·古斯塔夫·荣格（Cari Gustav Jung）和卡尔·科伦伊（Karl Kerényi）的《神话本质导论》（*Einführung in das Wesen der Mythologie*；Zurich: Rascher 1941），英译版译者为 R·F·C·赫尔（R. F. C. Hull, *Essays on a Science of Mythology*；London: Routledge and Kegan Paul, 1951）。我想要探索科伦伊涉及场所的概念，以及城市建成物起源的意义的研究。然而，这样做不仅超出了本研究的范围，而且这种类型的研究需要多年的工作和大量的分析材料。在他的《神话科学》（*Science of Mythology*）一书中，科伦伊对城市的创建进行了调查，因为他对希腊诸神和英雄的研究中不断涉及这一论题；他阐明了构成城市的多重性和独创性，以及城市创建者和初始设计的重要性。"不只是心理学家发现了三分的与四分的体系同样存在。古老的传统见证了城市规划中数字'3'的重要性，就像在伊特鲁利亚（Etruria）和罗马一样：它们各有三座塔、三条街道、三个街区、三座神庙或由三个部分组成的神庙。即使是在追求独特性和共性的时候，我们也会禁不住注意到多重性：这就是初始的本质。这至少已经暗示了如下问题的答案，即是否值得去探究不同地点和时间形成的特定起源。"

45. 见卡尔·马克思（Karl Marx）的《政治经济学批判》（*Zur Kritik der politischen Oekonomie*），载于《马克思 – 恩格斯选集》（*Marx-Engels Werke*；Berlin: Dietz, 1961），第 13 卷。这个段落源于马克思在 1857 年 8 月到 9 月之间所写的引言。英译版载于马克思的《论历史和人民》（*On History and People*）一书中，见"马克思丛书"（The Karl Marx Library）的第七卷，由索尔·K·帕多弗编（Saul K. Padover；New York: McGraw-Hill, 1977），第 79—80 页。

46. 见马塞尔·博埃特（Marcel Poète）的《城市规划导论》（*Introduction à l'Urbanisme*，见第一章注释 18），第 232 页。

47. 见卡塔尼奥的论著《城市是意大利历史的理想起因》（见本章注释 33），第二卷，第 384—385 页。

48. 同上，第 386 页。

49. 同上，第 386—387 页。

50. 见博埃特（Poète）的《城市规划导论》（*Introduction à l'Urbanisme*），第 215 页。

51. 见罗兰·马丁（Roland Martin）的《古希腊的城市化》（*L'urbanisme dans la Grèce antique*；Paris: A. & J. Picard, 1956；2d ed. enlarged, 1974）。

第四章　城市建成物的演变

1. 见莫里斯·哈布瓦赫（Maurice Halbwachs）的《巴黎土地征收与价格（1860—1900）》[*Les expropriations et le prix des terrains à Paris(1860—1900)*; Paris: E. Cornély, 1909]；《记忆的社会环境》（*Les cadres sociaux de la mémoire*；Paris: Presses Universitaires de France, 1925）；《一百年来巴黎的人口和街道路线》（*La population et les tracés de voies à Paris depuis un siècle*），第二版为本注释中第一本论著第一部分的增补（Paris: Presses Universitaires de France, 1928）；《工人阶级需求的演变》（*L'évolution des besoins dans les classes ouvrières*；Paris: Presses Universitaires de France,1933）。

2. 见汉斯·贝尔努利（Hans Bernoulli）的《城市及其土地》（*Die Stadt und ihr Boden*；Erlenbach-Zurieh: Verlag für Architektur, 1946; 2d ed. rev., 1949）。

3. 见哈布瓦赫的《一百年来巴黎的人口和街道路线》（*La population et les*

tracés de voies... ），关于我的研究方法和结果的运用，另见罗西的著作《对建筑类型学与城市形态之间关系的问题的贡献：对米兰研究区域的考察，特别注意私人参与产生的建筑物类型》（*Contributo al problema dei rapporti tra tipologia edilizia e morfologia urbana...* ），见第二章注释 1。

4. 见哈布瓦赫的《一百年来巴黎的人口和街道路线》（*La population et les tracés de voies...* ），第 4 页。

5. 见罗西的《对建筑类型学与城市形态之间关系的问题的贡献：对米兰研究区域的考察，特别注意私人参与产生的建筑物类型》（*Contributo al problema dei rapporti tra tipologia edilizia e morfologia urbana...* ）。此研究中所指的米兰城的区域，是指由原西班牙堡垒、意大利大道（corso Italia）和霍尔迪斯罗马门街（corso di Porta Romana）两条轴线 [最后交会于密苏里广场（piazza Missori）]，以及南部的原维根蒂诺市镇（Vigentino）公社的一部分所组成的三角形区域。

6. 见罗西的《米兰新古典建筑中的传统概念》（"Il concetto de tradizione nell' architettura neoclassica Milanese"），载于杂志《社会》（*Società*），XII，第三期（1956 年 6 月），第 474—493 页；重新发表于罗西的《建筑与城市文选，1956—1972 年》（*Scritti scelti...* ），见第二章注释 6，第 1—24 页。在这一篇以分析米兰城市历史为开头的研究中，我已经预见了发展一个更为广泛的城市理论的可能性，它可以说明尽管城市建成物具有多重性的方面，但它们的发展是具有一致性的。因此，对我来说，18 世纪的建筑成为了一种在理性的、启蒙的城市概念与特定环境意义之间对比的象征。关于形成米兰的拿破仑规划的主要事实如下所述。根据 1807 年 1 月 9 日的总督法令，米兰和威尼斯的市政当局成立了装饰委员会（Commissione di Ornato），这个委员会拥有巨大的权力与行动范围。委员会的任务是明确地"制定出一种便于以后系统化的内城街道的通用形制；按照市政当局的要求，承担必不可少的规划设计工作，以便对称地改善临街的建筑，同时对其进行扩建和整治，并使这些规划设计得以详尽地实施……对建筑等方面的公共安全保持警惕……"。这个由政府任命的委员会由当时米兰的杰出人物组成，其中包括路易吉·卡尼奥拉（Luigi Cagnola）和路易吉·卡诺尼卡（Luigi Canonica）。自然地，该委员会进行的第一项工作是制定总体规划，虽然规划方案于当年完成，但是在 1807—1814 年之间，这个方案仍在不间断且直接地影响着城市发展，并指导且助力城市规划，在其中发挥着积极的作用。这个整体规划的大致内容如下：建设一个大型的新中心，即波拿巴广场（Bonaparte Forum），它由安托里尼（Antolini）设计并置于斯福尔扎城堡（Sforza Castle）前；宽阔的拿破仑大道（大致上是今天但丁街的位置）始于这里，在科尔杜西奥（Cordusio）扩大成一个有趣的三角形广场，然后继续沿着直线延伸，并以马焦雷医院（Ospedale Maggiore）和圣纳扎罗教堂（San Nazaro）为背景。另一条几乎与此平行的街道，从圣乔瓦尼大街（San Giovanni sul Muro）的底端开始，通向蒂巴利的圣巴斯弟盎堂（San Sebastiano del

Tibald），它孤立着，被环绕于一个大的矩形广场之中，其围绕着中心布局的扩建强化了自身的体量。感恩大街（corso della Riconoscenza）——曾经的东门大街（corso di Porta Orientale），现在的威尼斯门大街（corso di Porta Venezia）——连接了大主教的住所和法院大厦（Palace of Justice）。在不破坏古罗马方格网布局的条件下，扩建了大教堂广场（Piazza del Duomo）。正如我在自己研究著作的结尾处所写的那样："最终，他们考虑并尊重了这座城市的艺术性建筑和历史记忆；纪念物被视为城市历史的根据和见证，并作为笔直街道的背景和广场的中心，它们就像更大的建设规划中的构成元素，随着时间的推移与历史的发展，城市的秩序在这些纪念物中被反射出来。"见罗西的《建筑与城市文选，1956—1972 年》（Scritti scelti...），第 21 页。关于米兰的城市历史，此处有大量的分析材料和实用的批判性评估。

　　7. 见奥里奥尔·博伊斯（Oriol Bohigas）的《巴塞罗那：在塞尔达规划与障碍之间》（Barcelona, entre el Plan Cerdá i el barraquisme；Barcelona: Edicions 62, 1963）。伊尔德方索·塞尔达（Ildefonso Cerdá）的《城市化普遍理论及其原则在巴塞罗那的改革与扩张中的应用》，两卷本（Teoría General de la Urbanización y aplicación de sus principios y doctrinas a la Reformay Ensanche de Barcelona, 2 vols.；Madrid:Imprenta Español, 1867）；以及塞尔达论著的文献目录和其他主要作品（Barcelona: Instituto de Estudios Fiscales-Editorial Ariel-Editorial Vicens Vives, 1968）的复刻本，由法比安·埃斯塔佩（Fabián Estapé）编著。博伊斯是研究并且也许是最先关注塞尔达的规划及其学说的学者，他注意到塞尔达在 1867 年的研究比约瑟夫·施蒂本（Joseph Stübben）的以下研究早 23 年，见施蒂本的《城市建设》（Der Städtebau；Darrnstadt: Bergstrasser, 1890），第四部分，第九卷，载于施蒂本的《建筑手册》（Handbuch der Architektur；1883—1890），这被认为是第一部关于城市主义的专著。有趣的是，这部专著引用了一些塞尔达著作中的章节，这些章节也被博伊斯引用过，其中包括西班牙学者对塞尔达的研究和对巴塞罗那规划的评价："大城市……只不过是一种车站或客栈……它总会有一条或多条街道，来自于在地球表面刻划出辙痕的公路网。再从这些主要的街道出发扩散至其他街道……直至整个城市。与个人住宅相联系的其他街道从这些原来的城市街道分离出来……这些由城市街道交叉互通而成的区域应该比主要街道所形成的区域要小得多。这些相对较小的区域……所谓街区（barrios）……它们是人们为自己的短暂到访或者永久居住而保留下来的庇护所，以期将自己与鼓动人类的伟大运动分离开来。"博伊斯非常尖锐地提出了，即使塞尔达的许多主题都植根于浪漫主义文学中，但他仍然完整独立地表达出城市分类和对实际情况的分析的重要意义。

　　8. "Illa"的复数为"illes"，在加泰罗尼亚语中意为"街区"。

　　9. 见温琴佐·里齐的（Vincenzo Rizzi）的《巴里的＜穆拉第规约＞：特殊建

筑法规》(*I cosidetti Statuti Murattiani per la città di Bari...*），见第二章注释 28。

　　10. 见拉韦丹的《法国城市》(*Les villes françaises*；见第一章注释 20)，第 102—103 页。在 1635—1640 年间，黎塞留（Richelieu）由路易十三时期的红衣主教创建。大约在 1638 年，城市的城墙、教堂和一些建筑开始兴建。1641 年，整体布局似乎已经完成。这个布局是非常有规律的，一条突出的中央轴线将城市分成两个对称的部分。这条轴线始于一座城门，整齐划一的住宅排列两侧，并以一个四角封闭的方形广场为终点，主要的建筑都坐落在这里。在黎塞留，秩序不仅仅体现在广场或街道上，而且体现在整个城市中；这座城市作为一个宏伟壮丽的里程碑式的整体，一直被保存到我们的时代。另一方面，城堡却消失了；从一开始，城堡就从未与这座城市发生过联系，在城市的设计中，原本应作为城市格局的一种发展元素的城堡从未出现过。另一个重要的法国城市凡尔赛被发展成皇家宫廷所在地，则包含着更为复杂的拓扑演变。

　　11. 见第四章注释 2。

　　12. 同上。

　　13. 同上。

　　14. 同上。

　　15. 见沃纳·黑格曼（Werner Hegemann）的《石筑的柏林：世界上最大的出租兵营城市的历史》(*Das steinerne Berlin...*），见第二章注释 13。黑格曼的著作是柏林城市历史上最重要的贡献之一。这一本杰出的论著，它对市政制度的民主更新的政治承诺是基于对城市发展的非凡认识。对黑格曼来说，柏林，这个由于其令人遗憾的警察制度而拥有大量"出租兵营"的城市，它自身也是一个具有巨大更新潜力的城市。尤见从杂志《持续美好住房》(*Casabella-continuità*）第 288 期（1964 年 6 月）中引用的部分，第 21—22 页。

　　16. 见汉斯·保罗·巴尔特（Hans Paul Bahrdt）的《现代大城市：城市规划的社会学考虑》(*Die moderne Grossstadt...*），见第二章注释 20。尤见本书的开头部分"大城市批判的批判"（"Kritik der Grossstadtkritik"），第 12—34 页。

　　17. 见恩格斯（Engels）的《住房问题》（"Zur Wohnungsfrage"），三篇文章于 1872 年发表在杂志《人民国家》(*Volksstaat*；2d ed. rev., Leipzig, 1887)，英译版的译者为 C·C·杜特（C. C. Dutt, *The Housing Question*；London：Lawrence and Wishart, 1936)。

　　18. 见恩格斯的《住房问题》(*The Housing Question*)，第一部分，第 21 页。

　　19. 见施泰因·埃勒·拉斯姆森（Steen Eiler Rasmussen）的《伦敦：非凡的城市》(*London, The Unique City*)，英文第一版对 1934 年丹麦文版本做了修订 (London: Jonathan Cape, 1937；repub. Cambridge, Mass.:M. I. T. Press, 1967)。博埃特的著作，见第一章注释 18；黑格曼的著作，见第二章注释 13。

20. 例如，见《城市面貌的变化》(*Städte verändern ihr Gesicht*；Stuttgart: Stadtplanungs und Vermessungsamt Hannover, 1962)，书中有许多社会经济学的参考文献，它们对于这类问题的形成让人很感兴趣。然而，有必要记住的是，认为第一次工业革命是城市的一个质的飞跃的假设，是伴随着有关现代运动的全部编年史出现的，同时也使其失去了其力量。

21. 见戈特曼的《特大城市：美国东北部沿海地区的城市化》(*Megalopolis. The Urbanized Northeastern Seaboard...*)，见第二章注释 12。

22. 见芒福德的《城市文化》(*The Culture of Cities*)，见第一章注释 1。

23. 见戈特曼《从今天的城市到明日的城市：向新城的转变》("De la ville d'aujourd'hui à la ville de demain. La transition vers la ville nouvelle")，载于杂志《展望》(*Prospective*)，第 11 期（1964 年 6 月），第 171—180 页。另见皮埃尔·马塞（Pierre Massé）为这期杂志所写的关于城市化的绪论，第 5—16 页。

24. 见拉特克利夫的《城市活动位置分布中的功效动力》(*The Dynamics of Efficiency...*)，见第一章注释 17。

25. 见萨莫纳对《关于城市规划的组成及其参与手段的圆桌会议》的贡献（"Tavola rotonda sulle componenti urbanistiche e gli strumenti di intervento"），载于《城市领地：关于罗马琴托切莱区集中管理的一次指导性尝试》(*La città territorio. Un esperimento didattico sul centro direzionale di Centocelle in Roma*；Bari: Leonardo da Vinci, 1964)，第 90—102 页；引文见第 91 页。

26. 见芒福德的《城市文化》(*The Culture of Cities*)，第 168 页；关于恩格斯的评论，见带注释的参考书目，第 519 页。

意大利文第二版序言

1. 见罗西的《介绍布雷》("Introduzione a Boullée")，载于艾蒂安 - 路易斯·布雷（Etienne-Louis Boullée）的《建筑学：艺术随笔》(*Architettura. Saggio sull'arte*)，意大利文版译者为罗西（Padua: Marsilio, 1967)，第 7—24 页。

2. 见艾莫尼诺（Aymonino）的《为了城市科学的形成》("Per la formazione di una scienza urbana")，载于杂志《复兴》(*Rinascita*)，第 27 期（1966 年 7 月 2 日）；格拉西（Grassi）的《城市建设的逻辑》("La costruzione logica della città")，载于《建筑书籍：由 CLUVA 文献资料部编辑的文献目录情报杂志》(*Architettura libri. Rivista di informazione bibliografica a cura del servizio di documentazione della CLUVA*)，第 2/3 期（威尼斯，1966 年 7 月），第 95—106 页；格里高蒂（Gregotti）的《城市建筑学》("L'architettura della città")，载于杂志 *Il Verri*，第 23 期（1967

年 3 月 ），第 172—173 页。

3. 见塔夫里（Tafuri）的《建筑理论与历史》（*Teorie e storia dell'architettura*；Bari: Laterza, 1968 ），第 90—92、114、160、190、192—193、201—202 页。

4. 见塔拉戈 · 锡德（Tarragó Cid）的 "西文版绪论"（"Prólogo a la edición castellana" ），载于罗西的《城市建筑学》（*La arquitectura de la ciudad* ），西文版 (Barcelona: Gustavo Gili, 1971, 1976)，译者为约瑟夫 · 玛丽亚 · 费雷尔 – 费雷尔（Josep Maria Ferrer-Ferrer ）和萨尔瓦多 · 塔拉戈 · 锡德（Salvador Tarragé Cid ），第 9—42 页。

葡文版引言

1. 见罗西的《介绍布雷》，载于布雷的《建筑学：艺术随笔》（见意大利文第二版序言注释 1 ），第 7—24 页。

2. 见罗西的《米兰新古典建筑中的传统概念》（"Il concetto di tradizione nell'architettura neoclassica milanese" ），见第四章注释 6；以及罗西的《阿道夫 · 路斯：1870—1933》（ "Adolf Loos，1870—1933" ），见第三章注释 5。

3. 见罗西的《维也纳规划》（"Un piano per Vienna" ），见第二章注释 6；以及罗西的《柏林住房类型研究》（"Aspetti della tipologia residenziale a Berlino" ），见第二章注释 13。

4. 见罗西的《对建筑类型学与城市形态之间关系的问题的贡献：对米兰研究区域的考察，特别注意私人参与产生的建筑物类型》（*Contributo al problema dei rapporti tra tipologia edilizia e morfologia urbana...* ）；见第二章注释 1。

5. 见吉多 · 曼苏埃利（Guido Mansuelli）的《建筑与城市：古典世界的问题》（*Architettura e città. Problemi del mondo classico*；Bologna: Alfa, 1970 ）。

6. "Hof" 复数为 "Höfe"，意为院落、院子。

德文版评注

1. 见阿道夫 · 贝奈（Adolf Behne）的《现代实用建筑》（*Der moderne Zweckbau*；Munich: Drei Masken, 1923 ）；再版时由乌尔里希 · 康拉德（Ulrich Conrads ）撰写绪论（Frankfurt am Main and Berlin: Ullstein GmbH, 1964 ）。

图片来源

图 1a、图 23、图 25、图 26、图 66、图 70、图 90 由罗伯托·弗雷诺（Roberto Freno）提供。

图 1b 出自赫尔曼·克恩（Hermann Kern）所著的《迷宫》（*Labirinti*；Milan：Giangiacomo Feltrinelli Editore,1981）一书。

图 2—图 3 由彼得·H·德雷尔（Peter H. Dreyer）提供。

图 4 出自路德维希·孟斯（Ludwig Münz）与古斯塔夫·昆斯特勒（Gustav Kunstler）所著的《阿道夫·路斯：现代建筑的先驱》（*Adolf Loos: Pioneer of Modern Architecture*；New York and Washington: Frederick A. Praeger, 1966）一书。

图 5 由道格拉斯·哈恩斯伯格（Douglas Harnsberger）提供。

图 6 由埃德·罗斯伯里（Ed Roseberry）提供。

图 7 由林赛·斯塔姆·夏皮罗（Lindsay Stamm Shapiro）提供。

图 8—图 9 出自埃德加·德·切尔奎罗·法尔考（Edgard de Cerquairo Falcão）的《巴伊亚遗迹》（*Relíquias de Bahia*；São Paulo, Brazil: Romiti & Lanzara, 1940）一书。

图 10 匡溪艺术学院艺术博物馆藏品，布卢姆菲尔德山，密歇根州。

图 11 由赫尔穆特（Hellmuth）、奥巴塔（Obata）和卡萨鲍姆（Kassabaum）提供，圣路易斯，密苏里州。

图 12 出自由 R·迪肯曼（R. Dikenmann）创作的 19 世纪版画集《来自瑞士的礼物》（*Souvenir de la Suisse*）。

图 13 出自哈维尔·阿奎莱拉·罗哈斯（Javier Aquilera Rojas）和路易斯·J·莫雷诺·雷克萨奇 (Luis J. Moreno Rexach）的《美洲西班牙式城市化》（*Urbanismo español en América*；Madrid: Editora Nacional, 1973）一书。

图 14、图 24、图 37、图 40—图 42、图 44—图 45、图 50、图 54、图 57、图 67、图 72、图 78、图 81、图 84—图 85、图 88—图 89、图 92—图 93、图 99—图 102、图 105 由作者提供。

图 15—图 17 由朱利奥·杜比尼（Giulio Dubbini）提供。

图 18 上、图 71、图 87、图 91a、图 91b 由米兰的拉科塔·贝塔雷利（Raccolta

Bertarelli）提供。

图 18 下 帕多瓦市民博物馆藏品。

图 19—图 21 出自弗朗西斯科·米利齐亚（Francesco Milizia）所著的《民用建筑原理》，第二版修订本（*Principj di Architettura Civile*, 2d ed. rev.；Bassano, 1804）。

图 22 出自弗朗西斯科·米利齐亚（Francesco Milizia）所著的《民用建筑原理》，米兰第一版（*Principj di Architettura Civile*, 1st Milanese ed.；Milan, 1832）。

图 27—图 28、图 30—31 出自 G·卡尔察（G. Calza）的《对罗马帝国建筑史的贡献》（"Contributo alla storia dell'edilizia imperiale romana"）一文，载于《帕拉第奥：重温建筑史》第五卷第一页（*Palladio. Rivista di storia dell'architettura*；1941）。

图 29 出自 G·卡尔察（G. Calza）、G·贝卡蒂（G. Becatti）、伊塔洛·吉斯蒙迪（I. Gismondi）、G·德·安吉丽斯·多萨特（G. De Angelis D'Ossat）和 H·布洛赫（H. Bloch）共同编写的《奥斯蒂亚发掘：普通地形学》（*Scavi di Ostia. Topographia generale*；Rome: Libreria dello Stato, 1953）一书。

图 32—图 34 由国际莲花社（*Lotus International*）提供。

图 35—图 36、图 38 出自《西班牙的阿拉伯古迹》（*Antichità arabe in Spagna*），一本在 1830 年左右出版的图集，由拉科塔·贝塔雷利（Raccolta Bertarelli）提供。

图 39 出自 1909 年由芝加哥商业俱乐部（Commercial Club of Chicago）出版的一幅平面图。

图 43 出自欧仁 – 伊曼纽尔 – 维奥莱 – 勒 – 杜（Eugène Emmanuel Viollet-le-Duc）所著的《11 世纪至 16 世纪法国建筑词典》一书第六卷（*Dictionnaire raisonné de l'architecture française de XIe au XVIe siècle*, vol. VI；Paris, 1854—1859）。

图 46 出自路德·埃伯施达特（Rud Eberstadt）《住房与住房问题手册》第四版（*Handbuch des Wohnungswesens und der Wohnungsfrage*, 4th ed.；Jena: Verlag von Gustav Fischer, 1920）。

图 47、图 53 出自沃纳·黑格曼（Werner Hegemann）的《石筑的柏林》（*Das steinerne Berlin*；Berlin: Kiepenhaur, 1930）一书。

图 48—图 49 出自建筑杂志《持续美好住房》（*Casabella-Continuità*）第 288 期（1964 年 6 月）。

图 51—图 52 出自汉斯 – 乔基姆·克勒费尔（Hans-Joachim Knöfel）和罗尔夫·拉韦（Rolf Rave）的《1900 年以来的柏林建设》（*Bauen seit 1900 in Berlin*；West Berlin: Verlag Kiepert, 1968）一书。

图 55 出自亨利·保罗·埃杜（Henri Paul Eydoux）所著的《古代法国》（*La*

France antique；Paris: Librairie Plon, 1962）。

图 56 出自阿尔伯茨（Alberts）创作的版画集（The Hague, 1724），这幅画首次出现在多梅尼科·丰塔纳（Domenico Fontana）的《探讨多梅尼科·丰塔纳骑士在罗马和那不勒斯所建造工厂的第二本书》（*Libro Secondo in cui si ragiona di alcune fabriche fatte in Roma et in Napoli dal Cavaliere Domenico Fontana*；Naples, 1603），由拉科塔·贝塔雷利（Raccolta Bertarelli）提供。

图 58 出自由阿基里·阿迪格（Achille Ardigo）、佛朗哥·博尔西（Franco Borsi）和乔瓦尼·米凯路奇（Giovanni Michelucci）合著的《佛罗伦萨圣克罗斯地区的未来》（*Il quartiere di S. Croce nel futuro di Firenze*；Rome: Officina edizioni, 1968）。

图 59 出自卡洛·丰塔纳（Carlo Fontana）所著的《由卡洛·丰塔纳骑士描述的弗拉维奥圆形剧场》（*L'anfiteatro Flavio descritto e delineato dal Cavaliere Carlo Fontana*；The Hague, 1725）一书。

图 60 出自阿尔伯茨（Alberts）创作的一本版画集的最初版（The Hague, 1724; original ed., Amsterdam, 1704），由拉科塔·贝塔雷利（Raccolta Bertarelli）提供。

图 61 出自莱昂纳多·贝纳沃罗（Leonardo Benevolo）的《科学学校的设计课程》第五卷（*Corso di disegno per i licei scientifici*, vol. V；Bari: Editori Laterza, 1974—1975）。

图 62 出自路易吉·多迪（Luigi Dodi）所著的《中东古罗马城市规划》（*Dell'antica urbanistica romana nel Medio Oriente*；Milan: Politecnico di Milano. Istituto di Urbanistica della Facoltà di Architettura, 1962）。

图 63—图 64 由马克斯·博斯哈德（Max Bosshard）提供。

图 65 来自 L·加尔雷和 P·加尔雷兄弟（L. and P. Giarré）的版画，1845 年，由拉科塔·贝塔雷利（Raccolta Bertarelli）提供。

图 68—图 69 出自欧仁 – 伊曼纽尔 – 维奥莱 – 勒 – 杜（Eugène-Emmanuel Viollet-le-Duc）所著的《11 世纪至 16 世纪法国建筑词典》一书第三卷（*Dictionnaire raisonné de l'architecture française de XIe au XVIe siècle*, vol. III；Paris, 1854—1859）。

图 73—图 74、图 76 出自 W·L·麦克唐纳（W. L. MacDonald）的《罗马帝国的建筑》（*The Architecture of the Roman Empire*；New Haven: Yale University Press, 1965）一书。

图 75 出自海因茨·卡勒（Heinz Kähler）的《罗马帝国艺术》（*Roma e l'arte imperiale*；Milan: Il Saggiatore, 1963）。

图 77 由阿洛伊斯·K·斯特罗布尔（Alois K. Strobl）绘制的一张平面图，出自埃德蒙·培根（Edmund Bacon）所著的《城市设计》（*Design of Cities*；New

York:Viking Press, 1967）一书。

图 79—图 80 由贾尼·布拉吉瑞（Gianni Braghieri）提供。

图 82—图 83 出自莱昂纳多·贝纳沃罗（Leonardo Benevolo）所著的《科学学校的设计课程》第二卷（*Corso di disegno per i licei scientifici,* vol. II；Bari: Editori Laterza, 1974-1975）。

图 86a、图 86b、图 86c 出自英国杂志《建设者：建筑师，工程师，考古学家图解周刊》第 14 卷第 109 页（*The Builder: An Illustrated Weekly Magazine for Architect, Engineer, Archeologist...* XVI, no. 159；6 March 1858）。

图 94 上图，出自《城市建设》（*2C.Construcción de la Ciudad 1, 1972*）；中图，出自建筑小组（Gruppo Architettura）的《6 号设计研究：住房在当代城市发展和转型中的作用》（*Per una ricerca di progettazione 6. Ruolo dell' à bitazione nell sviluppo e nella trasformazione della città contemporanea,* Istituto Universitario di Architettura di Venezia, 1973）；下图，出自 J·埃米利·埃尔南德斯·克罗斯（J. Emili Hernández-Cros）、加布里埃尔·莫尔（Gabriel More）和泽维尔·普马纳（Xavier Populana）合著的《巴塞罗那建筑指南》第二版（*Arquitectura de Barcelona, Guía,* 2d ed.；Barcelona: Editorial La Gaya Ciencia, 1973）。

图 95—图 96 出自汉斯·贝尔努利（Hans Bernoulli）所著的《城市及其土地》一书第二版的修订版（*Die Stadt und ihr Boden,* 2d ed. rev.；Erlenbach-Zurich: Verlag für Architektur, 1949）。

图 97 出自施泰因·埃勒·拉斯姆森（Steen Eiler Rasmussen）所著的《伦敦：非凡的城市》一书的修订版（*London: The Unique City,* rev. ed.；Cambridge, Mass.: The M.I.T. Press, 1967）。

图 98 由伊莱克塔出版社（Casa editrice Electa）提供。

图 103 由何塞·苏泽·罗布里加·马丁（José da Nóbrega Sousa Martins）提供。

图 104 出自 L·F·卡萨斯（L. F. Cassas）所著的《伊斯特拉和达尔马提亚的图画与历史之旅》（*Voyage pittoresque et historique de l'Istrie et de la Dalmatie*；Paris, 1802）一书。

《城市建筑学》出版历史

意大利文版 *L'architettura della città*

　　1966 年出版发行的第一版（Padua: Marsilio Editori, 1966），属于"建筑与城市规划丛书"（Biblioteca di Architettura e Urbanistica）第 8 册，由保罗·塞卡雷利（Paolo Ceccarelli）主编；1970 年的第二版，增加了作者撰写的前言；1973 年出版发行第三版；1978 年的第四版 [Milan: Clup（Cooperativa Libreria Universitaria del Politecnico），1978]，由丹尼尔·维塔利（Daniele Vitale）编，包括修订的注释，以及先前意大利文版与葡萄牙文版的序言与图注。

西班牙文版 *La arquitectura de la ciudad*

　　1971 年出版发行的第一版 (Barcelona: Editorial Gustavo Gili, 1971)，由约瑟夫·玛丽亚·费雷尔－费雷尔（Josep Maria Ferrer-Ferrer）和萨尔瓦多·塔拉戈·锡德（Salvador Tarragó Cid）翻译，并由锡德撰写序言，由若阿金·罗曼格拉·艾·拉米奥（Joaquim Romaguera i Ramió）修订书目索引，收录于"建筑与评论丛书"（Colección Arquitectura y Critica）中，该丛书由伊格纳西奥·德·索拉·莫拉莱斯·鲁比奥（Ignacio de Solá-Morales Rubió）主编；1976 年出版发行的第二版，1977 年的第三版，1979 年的第四版，1981 年的第五版，皆收录于"点线丛书"（Colección Punto y Linea）中。

德文版 *Die Architektur der Stadt, Skizze zu einer grundlegenden Theorie des Urbanen*

　　1973 年出版（Düsseldorf: Verlagsgruppe Bertelsmann GmbH/Bertelsmann Fachverlag, 1973），由阿德里安纳·贾基（Adrianna Giachi）翻译，包括作者撰写的序言；该书作为建筑基础系列丛书（Bauwelt Fundamente）的第 41 册，此丛书由乌尔里希·康拉德（Ulrich Conrads）主编。

葡萄牙文版 *A Arquitectura da cidade*

　　1977 年出版（Lisbon: Edições Cosmos, 1977），由何塞·查特斯·蒙蒂埃罗（José Charters Montiero）和何塞·苏泽·罗布里加·马丁（José da Nóbrega Sousa Martins）翻译和主编，书中包括作者撰写的序言。

法文版 *L' Architecture De La Ville*

　　2001 年出版了法语版，2006 年出第二版。

作者生平

阿尔多·罗西，1931 年 5 月 3 日出生于米兰，卒于 1997 年。他曾经在米兰理工大学学习建筑学，并于 1959 年获得学位。在学生期间及毕业以后，他曾在建筑杂志《持续美好住房》（ Casabella-Coninuità ）工作，这本杂志当时在意大利文化中起到引领潮流的作用。在埃内斯托·罗杰斯（ Ernesto Rogers ）任杂志负责人期间，罗西以多种身份参与了该杂志的工作：首先是文章合著者（1955—1958 年，杂志第 208—219 期），然后作为研究中心的成员（1958—1960 年，杂志第 221—248 期），最后是作为编辑（1961—1964 年，杂志第 249—294 期）。

1963 年，罗西于阿雷佐（ Arezzo ）开始了他的教学生涯，他成为了卢多维科·夸罗尼（ Ludovico Quaroni ）城市规划（ urbanism ）课程的助教。在 1963—1965 年间，他在威尼斯建筑大学（ Istituto Universitario di Architettura di Venezia ）担任卡洛·艾莫尼诺（ Carlo Aymonino ）的课程"建筑物的组织特征（ Organizational Characteristics of Buildings ）"的助教。1965 年，他加入了米兰理工大学的建筑学院，并且参与了由意大利学生运动推动的重要文化活动。在 1972—1974 年期间，他任教于瑞士苏黎世联邦理工学院（ Eidgenössische Technische Hochsehule in Zurich ）。自 1975 年以来，他成为威尼斯建筑大学设计学院的教授。在 1976 年 9 月至 10 月期间，他在西班牙的圣地亚哥 - 德孔波斯特拉（ Santiago de Compostela ）主持了第一届国际建筑学研讨会（ 1st S.I.A.C., Seminario Internacional de Arquitectura en Compostela ），主题为"设计与历史城市"，会议论文发表在萨尔瓦多·塔拉戈·锡德（ Salvador Tarragó Cid ）和贾斯托·贝拉门迪（ Justo Beramendi ）所编的《设计与历史城市》（ Proyecto y ciudad historica ；Santiago de Compostela, 1977 ）一书中；随后在 1978 年，他又主持了第二届研讨会。在 1977 年和 1980 年，他先后在纽约库伯联盟学院的建筑学院（ Cooper

Union School of Architecture in New York City）和耶鲁大学建筑学院
（Yale School of Architecture）担任访问教授。他还参加过许多在欧洲、
拉丁美洲及美国举办的学术会议。

　　罗西的主要论著《城市建筑学》于 1966 年出版，已经被翻译成多
种语言（参见本书中的《城市建筑学》出版历史）。罗西的其他一些研
究发表在以下论著中：《城市分析与建筑设计》（*L'analisi urbana e la
progettazione architettonica*；Milan, 1970），其中包括他指导的米兰
理工大学的建筑学院研究小组的成果；在《建筑与城市文选，1956—
1972》（*Scritti Scelti sull'architettura e la città 1956—1972*；Milan,
1st ed., 1975; 2d ed. 1978）以及许多在意大利或其他地方发行的杂志。
在 1965 年—1972 年，他为帕多瓦的一家出版社（Editori Marsilio）指
导了一系列建筑和城市规划的研究（Polis-Quaderni di architettura e
urbanistica）。1973 年，他指导了第 15 届米兰三年展的国际建筑部分，
当时，作品合集《理性建筑》（*Architettura Razionale*；Milan, 1973）出版，
罗西为该书写了绪论。1981 年，罗西的《一部科学的自传》（*A Scientific
Autobiography*）一书出版，属于"反对派丛书系列"（OPPOSITIONS
BOOKS）。

　　自维托里奥·萨维（Vittorio Savi）的文章《阿尔多·罗西的建筑》
（*L'architettura di Aldo Rossi*；Milan: Franco Angeli, 1976）出版以来，
许多关于罗西作品的文章和专著先后出版，其中包括由肯尼斯·弗兰姆普
敦（Kenneth Frampton）编著、由彼得·埃森曼撰写绪论的《阿尔多·罗
西 在 美 国，1976—1979》（*Aldo Rossi in America 1976—1979*；
Institute for Architecture and Urban Studies, Catalogue 2） 一 书。
有关从 1954 年到 1979 年罗西的著作及研究罗西论著的详细参考书
目，请参见《阿尔多·罗西，项目与图纸，1962—1979》（*Aldo Rossi,
Projects and Drawings 1962—1979*；New York: Rizzoli, 1979），由
弗朗西斯科·莫西尼（Francesco Moschini）编著。

罗西的设计作品与他的论著密切相关。他的主要的建成作品有：米兰的加拉拉特西公寓群（Unità di abitazione for the Società Monte Amiata complex in Gallaratese 2, Milan, 1969—1974）、瓦雷泽的法尼亚诺奥洛纳小学（elementary school of Fagnano Olona in Varese, 1972—1977）。1977 年,他与卡洛·艾莫尼诺（Carlo Aymonino）、贾尼·布拉吉瑞（Gianni Braghieri）和维托里奥·萨维（Vittorio Savi）合作,赢得了佛罗伦萨指导中心（Centro Direzionale of Florence）的设计竞赛。罗西还参加过国际建筑博览会（IBA, Internationale Bauausstellung）关于柏林的一个住宅项目的竞赛,并获得了特设的一等奖；在重新设计瑞士伯尔尼（Bern）的一个历史城区的竞赛中,罗西获得了特别提名奖；他还完成了威尼斯世界剧场（Theater of the World）的设计。他的其他设计作品还包括：摩德纳（Modena）的一个公墓项目、布罗尼（Broni）的一所学校以及意大利不同地区建设的几个住房项目。

江苏省版权局著作权合同登记　图字：10-2017-377

The Architecture of the City
Copyright © 1982 by The Institute for Architecture and Urban Studies
and The Massachusetts Institute of Technology
Originally Published by MIT Press in 1984
Simplified Chinese Edition © 2020 by Tianjin Ifengspace Media Co. Ltd
through Bardon-Chinese Media Agency

图书在版编目（CIP）数据

城市建筑学 ／（意）阿尔多·罗西著；孙艳晨，杜
娅薇译. —— 南京 ：江苏凤凰科学技术出版社，2020.11
　ISBN 978-7-5713-0996-1

Ⅰ.①城… Ⅱ.①阿… ②孙… ③杜… Ⅲ.①城市建
筑－建筑设计－研究 Ⅳ.①TU984

中国版本图书馆CIP数据核字(2020)第033548号

城市建筑学

著　　　者	[意大利] 阿尔多·罗西	
译　　　者	孙艳晨　杜娅薇	
审　　　校	宋　昆	
项 目 策 划	凤凰空间/张晓菲　单　爽	
责 任 编 辑	赵　研　刘屹立	
特 约 编 辑	张晓菲	

出 版 发 行	江苏凤凰科学技术出版社
出版社地址	南京市湖南路1号A楼，邮编：210009
出版社网址	http://www.pspress.cn
总 经 销	天津凤凰空间文化传媒有限公司
总经销网址	http://www.ifengspace.cn
印　　　刷	河北京平诚乾印刷有限公司

开　　　本	710 mm×1 000 mm　1/16
印　　　张	18
字　　　数	288 000
版　　　次	2020年11月第1版
印　　　次	2024年4月第2次印刷

标 准 书 号	ISBN 978-7-5713-0996-1
定　　　价	69.80元

图书如有印装质量问题，可随时向销售部调换（电话：022-87893668）。